U0292987

"十三五"国家重点出版物出版规划项目

国家发展和改革委员会、保尔森基金会、河仁慈善基金会资助

2014年度国家社科基金重大项目（14ZDB142）

国家公园与自然保护地研究书系

中国国家公园体制建设指南研究

杨　锐　庄优波　赵智聪　等著

中国建筑工业出版社

图书在版编目（CIP）数据

中国国家公园体制建设指南研究/杨锐等著．—北京：中国建筑工业出版社，2019.12
（国家公园与自然保护地研究书系）
ISBN 978-7-112-24534-5

Ⅰ.①中… Ⅱ.①杨… Ⅲ.①国家公园－体制－研究－中国 Ⅳ.①S759.992

中国版本图书馆CIP数据核字（2019）第286229号

责任编辑：咸大庆　刘爱灵　杜　洁
责任校对：赵　菲

国家公园与自然保护地研究书系
中国国家公园体制建设指南研究
杨　锐　庄优波　赵智聪　等著
＊
中国建筑工业出版社出版、发行（北京海淀三里河路9号）
各地新华书店、建筑书店经销
北京建筑工业印刷厂制版
北京富诚彩色印刷有限公司印刷
＊
开本：787×1092毫米　1/16　印张：9¼　字数：173千字
2019年12月第一版　2019年12月第一次印刷
定价：48.00元
ISBN 978-7-112-24534-5
（35191）

序一

踏上国家公园体制改革新征程

自1872年世界上第一个国家公园诞生以来，由于较好地处理了自然资源科学保护与合理利用之间的关系，国家公园逐渐成为国际社会普遍认同的自然生态保护模式，并被世界大部分国家和地区采用。目前已有100多个国家建立了近万个国家公园，并在保护本国自然生态系统和自然遗产中发挥着积极作用。2013年11月，党的十八届三中全会首次提出建立国家公园体制，并将其列入全面深化改革的重点任务，标志着中国特色国家公园体制建设正式起步。

4年多来，国家发展和改革委员会会同相关部门，稳步推进改革试点各项工作，并取得了阶段性成效。特别是2017年，国家发展和改革委员会会同相关部门研究制定并报请中共中央办公厅、国务院办公厅印发《建立国家公园体制总体方案》（以下简称《总体方案》），从成立国家公园管理机构、提出国家公园设立标准、编制全国国家公园总体发展规划、制定自然保护地体系分类标准、研究国家公园事权划分办法、制定国家公园法等方面提出下一步国家公园体制改革的制度框架。

回顾过去4年多的改革历程，我国国家公园体制建设具有以下几个特点。

一是对现有自然保护地体制的改革。建立国家公园体制是对现有自然保护地体制的优化，不是推倒重来，也不是另起炉灶，更不是对中华人民共和国成立以来我国自然生态系统和自然文化遗产保护成就的否定，而是根据新的形势需要，对保护管理的体制机制进行探索创新，对自然保护地体系的分类设置进行改革完善，探索一条符合中国国情的保护地发展道路，这是一项"先立后破"的改革，有利于保护事业的发展，更符合全体中国人民的公共利益。

二是坚持问题导向的改革。中华人民共和国成立以来，特别是改革开放以来，我国的自然生态系统和自然遗产保护事业快速发展，取得了显著成绩，建立了自然保护区、风景名胜区、自然文化遗产、森林公园、地质公园等多种类型保护地。但自然保护地主要按照资源要素类型设立，缺乏顶层设计，同一类保护地分属不同部门管理，同一个保护地多头管理、碎片化现象严重，社会公益属性和中央地方管理职责不够明确，土地及相关资源产权不清晰，保护管理效能低下，盲目建设和过度利用现象时有发生，违规采矿开矿、无序开发水电等屡禁不止，严重威胁我国生态安全。通过建立国家公园体制，推动我国自然保护地管理体制改革，加强重要自然生态系统原真性、完整性保护，实现国家所有、全民共享、世代传承的目标，十分必要也十分迫切。

三是基于自然资源资产所有权的改革。明确国家公园必须由国家批准设立并主导管理，并强调国家所有，这就要求国家公园以全民所有的土地为主体。在制定国家公园准入条件时，也特别强调确保全民所有的自然资源资产占主体地位，这才能保证下一步管理体制调整的可行性。原则上，国家公园由中央政府直接行使所有权，由省级政府代理行使的，待条件成熟时，也要逐步过渡到由中央政府直接行使。

四是落实国土空间开发保护制度的改革。党的十八届三中全会《中共中央关于全面深化改革若干重大问题的决定》中关于建立国家公园体制的完整表述是"坚定不移实施主体功能区制度，建立国土空间开发保护制度，严格按照主体功能区定位推动发展，建立国家公园体制"。建立国家公园体制并非在已有的自然保护地体系上叠床架屋，而是要以国家公园为主体、为代表、为龙头去推动保护地体系改革，从而建立完善的国土空间开发保护制度，推动主体功能区定位落地实施，使得禁止开发区域能够真正做到禁止大规模工业化、城镇化开发建设，还自然以宁静、和谐、美丽，为建设富强、民主、文明、和谐、美丽的现代化强国贡献力量。

2015年以来，国家发展和改革委员会会同相关部门和地方在青海、吉林、黑龙江、四川、陕西、甘肃等地开展三江源、东北虎豹、大熊猫、祁连山等10个国家公园试点，在突出生态保护、统一规范管理、明晰资源权属、创新经营管理、促进社区发展等方面取得了一定经验。同时，我们也要看到，建立统一、规范、高效的中国特色国家公园体制绝不是敲锣打鼓就可以实现的，不可能一蹴而就，必须通过不断深化研究、总结试点经验来逐步优化完善，在统一规范管理、建立财政保障、明确产权归属、完善法律制度等管理体制上取得实质性突破，在标准规范、规划管理、特许经营、社区发展、人才保障、公众参与、监督管理、交流合作等运行机制上进行大胆创新，把中国国家公园体制的"四梁八柱"建立起来，补齐制度"短板"。

为此，国家发展和改革委员会会同保尔森基金会和河仁慈善基金会组织清华大学、北京大学、中国人民大学、武汉大学等著名高校以及中国科学院、中国国土资源经济研究院等科研院所的一批知名专家，针对国家公园治理体系、国家公园立法、国家公园自然资源管理体制、国家公园规划、国家公园空间布局、国家公园生态系统和自然文化遗产保护、国家公园事权划分和资金机制、国家公园特许经营以及自然保护管理体制改革方向和路径等课题开展了认真研究。在担任建立国家公园体制试点专家组组长的时候，我认识了其中很多的学者，他们在国家公园相关领域渊博的学识，特别是对自然生态保护的热爱以及对我国生态文明建设的责任感，让我十分钦佩和感动。

此次组织出版的系列丛书也正是上述课题研究的重要成果。这些研究成果，为我们制定总体方案、推进国家公园体制改革提供了重要支撑。当然，这些研究成果的作用还远未充分发挥，有待进一步实现政策转化。

我衷心祝愿在上述成果的支撑和引导下，我国国家公园体制改革将会拥有更加美好的未来，也衷心希望我们所有人秉持对自然和历史的敬畏，合力推进国家公园体制建设，保护和利用好大自然留给我们的宝贵遗产，并完好无损地留给我们的子孙后代！

原中央财经领导小组办公室主任
国家发展和改革委员会原副主任

序 二

经过近半个世纪的快速发展，中国一跃成为全球第二大经济体。但是，这一举世瞩目的成就也付出了高昂的资源和环境代价：野生动植物栖息地破碎化、生物多样性锐减、生态系统服务和功能退化、环境污染严重。经济发展的资源环境约束不断趋紧，制约着中国经济社会的可持续发展。如何有效地保护好中国最具代表性和最重要的生态系统与生物多样性，为中华民族的子孙后代留下这些宝贵的自然遗产成为亟须应对的严峻挑战。引入国际上广为接受并证明行之有效的国家公园理念，改革整合约占中国国土面积 20% 的各类自然保护地，在统一、规范和高效的原则指导下构建以国家公园为主体的自然保护地体系是中共十八届三中全会提出的应对这一挑战的重要决定。

国家公园是人类社会保护珍贵的自然和文化遗产的智慧方式之一。自 1872 年全球第一个国家公园在壮美蛮荒的美国黄石地区建立以来，在面临平衡资源保护与可持续利用的百般考验和千般淬炼中，国家公园脱颖而出，成为全球最具知名度、影响力和吸引力的自然保护地模式。据不完全统计，五大洲现有国家公园10000 多处，构成了全球自然保护地体系最具生命力的一道亮丽风景线，是地球母亲亿万年的杰作——丰富的生物多样性和生态系统以及壮美的地质和天文景观——的庇护所和展示窗口。

因为较好地平衡了保护和利用的关系，国家公园巧妙地实现了自然和文化遗产的代际传承。经过一个多世纪的洗礼，国家公园的理念不断演变，内涵日渐丰富，从早期专注自然生态保护到后期兼顾自然与文化遗产保护，到现在演变成兼具资源保护和为人类提供体验自然和陶冶身心等多重功能。同时，国家公园还成为激发爱国热情、培养民族自豪感的最佳场所。国家公园理念在各国的资源保护与管理实践中得以不断扩展、凝练和升华。

中国国家公园体制建设既需要与国际接轨，又应符合中国国情。2015 年，在国家公园体制建设工作启动伊始，保尔森基金会与国家发展和改革委员会就国家公园体制建设签订了合作框架协议，旨在通过中美双方合作开展各类研究与交流活动，科学、有序、高效地推进中国的国家公园体制建设，提升和完善中国的自然保护地体系，实现自然生态系统和文化遗产的有效保护和合理利用。在过去约 3 年的时间里，在河仁慈善基金会的慷慨资助下，双方共同委托国内外知名专家和研究团队，就中国国家公园体制建设顶层设计涉及的十几个重要领域开展了系统、深入的研究，包括国际案例、建设指南、空间规划、治理体系、立法、规划编制、自然资源管理体制、财政事权划分与资金机制、特许经营机制、自然保护管理体制改革方向和路径研究等，为中国国家公园体制建设奠定了良好的基础。

来自美国环球公园协会、国务院发展研究中心、清华大学、北京大学、同济大学、中国科学院生态环境研究中心、西南大学等 14 家研究机构和单位的百余名学者和研究人员完成了 16 个研究项目。现将这些研究报告集结成书，以飨众多关心和关注中国国家公园体制建设的读者，并希望对中国国家公园体制建设的各级决策者、基层实践者和其他参与者有所帮助。

作为世界上最大的两个经济体，中美两国共同肩负着保护人类家园——地球的神圣使命。美国在过去140年里积累的经验和教训可以为中国国家公园体制建设提供借鉴。我们衷心希望中美在国家公园建设和管理方面的交流与合作有助于增进两国政府间的互信和人民之间的友谊。

借此机会，我们对所有合作伙伴和参与研究项目的专家们致以诚挚的感谢！特别要感谢国家发展和改革委员会原副主任朱之鑫先生和保尔森基金会主席保尔森先生对合作项目的大力支持和指导，感谢河仁慈善基金会曹德旺先生的慷慨资助和曹德淦理事长对项目的悉心指导。我们期待着继续携手中美合作伙伴为中国的国家公园体制建设添砖加瓦，使国家公园成为展示美丽中国的最佳窗口。

彭福伟　　　　　　牛红卫

国家发展和改革委员会　　保尔森基金会

社 会 发 展 司 副 司 长　　环 保 总 监

前 言

一、指南的背景与意义

　　"建立国家公园体制"是《中共中央关于全面深化改革若干重大问题的决定》中确定的工作任务之一。国家公园体制建设旨在加强对重要生态系统的保护和永续利用，基本解决中国现有保护地体系面临的交叉重叠、多头管理的碎片化问题，形成统一、规范、高效的管理体制和资金保障机制。中央深化改革领导小组已经批复国家发展和改革委员会《建立国家公园体制试点方案》，中国国家公园首批试点于2015年—2017年在9个试点省份开展。首批试点的经验与发现的问题将对探索建立中国国家公园体制提供有益的借鉴。2017年9月中共中央办公厅、国务院办公厅印发了《建立国家公园体制总体方案》，不仅更加明确国家公园体制建设的总体要求和国家公园的科学内涵，并且进一步明确了时间节点，即：到2020年，建立国家公园体制试点基本完成，整合设立一批国家公园，分级统一的管理体制基本建立，国家公园总体布局初步形成。到2030年，国家公园体制更加健全，分级统一的管理体制更加完善，保护管理效能明显提高。

　　在试点过程中，按照《建立国家公园体制试点方案》的部署，以及《建立国家公园体制总体方案》要求，各试点省份省级人民政府负责辖区内国家公园体制试点工作，如确定国家公园试点区范围、编制试点方案等。试点方案包含管理体制、运行机制、保障措施等多方面内容，涉及对国家公园理念的科学认识和正确定位，这需要与国家公园体制试点相适用的保护管理理念和技术应用。

　　当前我国试点建立国家公园体制，推行中央统筹和地方探索相结合的工作思路。中央政府提出试点要求，并鼓励各试点省探索多样化的保护和管理模式，为建立符合我国国情的国家公园体制提供丰富的实践和理论素材。需要关注的是，国家公园在我国还属新事物，社会各界包括相关政府部门，对于国家公园的特征与发展路径仍持有不同观点，对于体制建设中涉及的保护管理理念和关键技术问题尚缺少清晰的认识。这将限制试点地区探索出行之有效、具有前瞻性和针对性的中国国家公园体制，并最终影响到我国自然保护地管理体制改革的成效。为了确保国家公园体制建设试点工作不偏离改革设计初衷，更好地帮助各试点省用"保护优先"的标尺多维诠释和指导体制建设试点的各项内容，编制《中国国家公园体制建设指南研究》成为一项非常紧迫和重要的先导性任务。

　　2014年，河仁慈善基金会与美国保尔森基金会签署了《河仁慈善基金会与保尔森中心建立生态合作伙伴关系的框架协议》，承诺支持中国国家公园体系建设项目。2015年，国家发展改革委与美国保尔森基金会签署了《关于中国国家公园体制建设合作的框架协议》，旨在科学、有序、高效地推进中国国家公园体制建设。为此，河仁慈善基金会、保尔森基金会和国家发展与改革委员会社会司决定共同支持清华大学建筑学院景观学系开展"中国国家公园体制建设指南项目"课题研究。

本指南旨在为我国国家公园建设的实施者提供从国家公园基本认知、管理理论到技术方法等多个层面的综合指导，在宏观层面支持国家公园体制建设。《中国国家公园体制建设指南》可转化为国家公园行政主管部门的政策性指导文件，如《中国首批国家公园保护和管理细则》。同时，希望本指南的部分研究成果能够为国家公园相关立法和技术规程编制工作提供理论依据，直接或间接影响我国国家公园体制的构建和单个国家公园的建设与管理。

二、如何应用指南

本指南围绕国家公园体制建设的 8 个主题展开论述，包括：国家公园基本概念、国家公园土地权属、国家公园资金机制、国家公园资源保护与利用、国家公园社区协调发展、国家公园规划、国家公园适用法律体系、国家公园公众参与等。

每个主题分为 3 个层次的内容，第一个层次是《建立国家公园体制总体方案》涉及该主题的相关条文阐述，作为本指南的政策背景[1]；第二个层次是正文，读者通过阅读正文内容，可以清楚认识到我国国家公园体制建设中应该"做什么"和"怎么做"，包括各项主题的目标、原则、方法和要求等；第三个层次是说明书，是同一主题相关内容的知识扩充，读者可以了解到"为什么这么做"。第三层次的说明内容一共包括5 种类型，其中"国际借鉴"是对世界各国及国际组织关于国家公园相关情况和经典案例的介绍；"国内分析"是对我国当前自然保护地基本现状的介绍；"学者观点"是在某一方面内容尚未达成一致意见的情况下，对有代表性的学者观点的介绍；"试点分析"是对当前各国家公园体制试点区试点实施方案内容进行分析比较，得到的一些特点总结和启示；"基本概况"是将上述内容进行综合简述。

2017 年 3 月 18 日，由国家发展与改革委员会、美国保尔森基金会联合主办，河仁慈善基金会协办的国家公园体制建设国际研讨会在京召开，杨锐教授作为受邀专家围绕"国家公园体制建设"专题进行了主旨报告，并对本指南中的关键性研究成果进行了公开发表。同时，本指南编制组成员[2]还陆续在国内核心期刊上发表了国家公园相关研究成果，详细列表可见本书附录，以供参考。

---

1 尽管本次研究主体内容的形成先于《建立国家公园体制总体方案》的发布，但是内容构成基本对应，因此本报告将其补充放置于每一部分第一层次，使读者了解最新政策背景。

2 本指南在初稿阶段编制组成员分工如下：第一章赵智聪，第二章廖凌云，第三章庄优波、张晝晨，第四章庄优波、马之野、付泉川、张碧坤、曹越、叶晶、辛大卫和陈爽云，第五章庄优波、廖凌云，第六章马之野，第七章张振威，第八章曹越。之后，历经多次专家意见征集和修改完善，编制组成员对不同章节的修改完善均有所贡献。杨锐和庄优波组织并参与了全部章节内容的筹划、审核和定稿工作。

目　录

第一章

国家公园基本概念

【建立国家公园体制总体方案】

二、科学界定国家公园内涵

（四）树立正确国家公园理念。坚持生态保护第一。建立国家公园的目的是保护自然生态系统的原真性、完整性，始终突出自然生态系统的严格保护、整体保护、系统保护，把最应该保护的地方保护起来。国家公园坚持世代传承，给子孙后代留下珍贵的自然遗产。坚持国家代表性。国家公园既具有极其重要的自然生态系统，又拥有独特的自然景观和丰富的科学内涵，国民认同度高。国家公园以国家利益为主导，坚持国家所有，具有国家象征，代表国家形象，彰显中华文明。坚持全民公益性。国家公园坚持全民共享，着眼于提升生态系统服务功能，开展自然环境教育，为公众提供亲近自然、体验自然、了解自然以及作为国民福利的游憩机会。鼓励公众参与，调动全民积极性，激发自然保护意识，增强民族自豪感。

（五）明确国家公园定位。国家公园是我国自然保护地最重要类型之一，属于全国主体功能区规划中的禁止开发区域，纳入全国生态保护红线区域管控范围，实行最严格的保护。国家公园的首要功能是重要自然生态系统的原真性、完整性保护，同时兼具科研、教育、游憩等综合功能。

（六）确定国家公园空间布局。制定国家公园设立标准，根据自然生态系统代表性、面积适宜性和管理可行性，明确国家公园准入条件，确保自然生态系统和自然遗产具有国家代表性、典型性，确保面积可以维持生态系统结构、过程、功能的完整性，确保全民所有的自然资源资产占主体地位，管理上具有可行性。研究提出国家公园空间布局，明确国家公园建设数量、规模。统筹考虑自然生态系统的完整性和周边经济社会发展的需要，合理划定单个国家公园范围。国家公园建立后，在相关区域内一律不再保留或设立其他自然保护地类型。

（七）优化完善自然保护地体系。改革分头设置自然保护区、风景名胜区、文化自然遗产、地质公园、森林公园等的体制，对我国现行自然保护地保护管理效能进行评估，逐步改革按照资源类型分类设置自然保护地体系，研究科学的分类标准，理清各类自然保护地关系，构建以国家公园为代表的自然保护地体系。进一步研究自然保护区、风景名胜区等自然保护地功能定位。

1.1 国家公园的定义

国家公园是保护大面积自然生态系统、地质遗迹、物种、具有自然审美和文化价值的区域，具有国家代表性，能够为当代人和子孙后代提供公益性教育、游憩和科研机会。国家公园以保护为基础原则，由国家主导建立和管理。在我国自然保护地体系中，国家公园应在生态系统、生态过程的完整性、资源类型的综合性和审美价值的突出性等方面具有国家代表性。

【国际借鉴】

本研究整理分析了美国、加拿大、英国、澳大利亚、新西兰、德国、日本、印度、中国对于国家公园的定义（表1-1），除澳大利亚外，各国家和地区均在相关法律中明确了国家公园定义。澳大利亚在相关法律中提出了"国家遗产"概念。

各国家和地区关于国家公园在法律中的定义方式不同。日本明确提出了"国家公园是什么"；美国、加拿大、英国通过阐述国家公园的功能和目的来定义国家公园；新西兰通过阐述国家公园的基本原则来定义国家公园；印度、德国通过阐述国家公园的准入标准来定义国家公园。

总体上，各国家和地区对于国家公园的定义包括以下内容：国家公园的资源类型、状态、功能、代表性或重要性、管理部门等。

各国国家公园的定义 表1-1

国家	定 义	资料来源
美国	在保护风景、自然和文化物体以及野生动物资源，并在保证子孙后代能够欣赏不受损害的上述资源的前提下，给子孙后代留下未受损坏的可以用来欣赏的资源和提供子孙后代欣赏资源相同的机会	Organic Act, 1916
英国	包含美丽的乡村、野生动物和文化遗产的保护地。人们在国家公园里生活和工作，农场、村庄、城镇及其景观、野生动物同时被保护。国家公园欢迎游客，并为每个人提供体验、欣赏和了解国家公园的特别气质的机会	National Parks UK official website

续表

国家	定　义	资料来源
英国	一是保护与优化自然美景、野生生物和文化遗产； 二是为公众理解和欣赏公园特殊品质提供机会	The Environment Act, 1995
新西兰	国家公园是公有土地，因为它们具有固有的价值和利益、公众的利用和享受而受永久保护。这样区域的独特风景、生态系统或自然要素使它们非常美丽、独特或在科学上具有重要意义，保护它们就是保护国家利益	汤加里罗国家公园规划 Tongariro National Park management plan
	国家公园的原则：公园保持为自然状态，公众有权进入，本地动植物得到保护	National Park Act, 1980
德国	国家公园是指依法指定的保护地。1. 面积大，未破碎化，具有特殊的属性；2. 保护区的大部分地区满足作为自然保育区的要求；3. 保护区的大部分地区基本没有人类干扰或者人类干扰的程度在有限的范围内，保证自然过程和自然动态的不受干扰	Act on Nature Conservation and Landscape Management (Federal Nature Conservation Act) of 29 July, 2009
澳大利亚（注：各州的国家公园定义不一，仅列举了3个州为例）	因其未被破坏的景观和动植物多样性而受到保护面积较大的土地	Australian Government official website
	南澳：拥有野生动植物、土地的自然特征或土著及欧洲遗产而具有国家重要性的地区	National Parks South Australian official website
	昆士兰：国家公园是一个面积比较大的区域，预留以保护未受破坏的自然景观和动植物，长期致力于让公众游憩、教育和激发灵感，并保护其自然属性不被干扰	Definition of Australia Council of Nature Conservation Ministers, 1988
	南威尔士：为保护未受破坏的景观和本土动植物设置的地区，为保护、公众娱乐而设置，通常提供游客设施	National Parks New South Wale offical website

　　IUCN 提出的自然保护地分类体系中，给出了各类自然保护地的定义，其中，自然保护地（Protected Area）的定义如下[1]：

　　通过立法或其他有效途径识别、专用和管理的，有明确边界的地理空间，以达到长期自然保育、生态系统服务和文化价值保护的目的。

　　国家公园的定义如下：

　　大面积自然或近自然区域，用以保护大尺度生态过程以及这一区域的物种和生态系统特征，同时提供与其环境和文化相容的精神的、科学的、教育的、休闲的和游憩的机会[2]。

1　Dudley, N. (Editor) (2008). Guidelines for Applying Protected Area Management Categories. Gland, Switzerland: IUCN. x + 86pp. WITH Stolton, S., P. Shadie and N. Dudley (2013). IUCN WCPA Best Practice Guidance on Recognising Protected Areas and Assigning Management Categories and Governance Types, Best Practice Protected Area Guidelines Series No. 21, Gland, Switzerland: IUCN. x + 143pp.

2　原文: Anational park (Category II) is a protected area managed mainly for ecosystem protection and recreation. National parks are designated to protect the ecological integrity of one or more ecosystems, exclude exploitation or occupation inimical to this purpose and provide a foundation for spiritual, scientific, educational, recreational and visitor opportunities.

【国内分析】

以 IUCN 提供的自然保护地定义衡量，我国已有 8 类自然保护地。各类自然保护地定义体现在相关条例、部门规章之中。其中自然保护区和风景名胜区的定义出现在国家条例中，法律位阶较高；森林公园、湿地公园、海洋特别保护区、地质公园、水利风景区和城市湿地公园的定义分别出现在主管部门的部门规章中。

目前，我国各类自然保护地的定义方式基本相同，定义中都包括了资源特征、主要功能、主管部门等内容。各自然保护地的定义中对于资源特征的界定繁简不一，自然保护区的界定最为具体。

【学者观点】

近期，对我国国家公园定义的讨论逐渐增多，但少有学者直接提出我国国家公园的定义。已见发表的比较有代表性的定义有以下几种：

云南省地方标准《国家公园基本条件》（DB 53/T 298-2009）中对"国家公园"的定义为：国家公园是由政府划定和管理的保护区，以保护具有国家或国际重要意义的自然资源和人文资源及其景观为目的，兼有科研、教育、游憩和社区发展等功能，是实现资源有效保护和合理利用的特定区域[1]。

唐芳林提出国家公园作为生态空间，首要目标是把大面积的自然或接近自然的区域保护起来，以保护大范围的生态过程及其包含的物种和生态系统特征，同时，通过较小范围的适度利用为人们提供精神享受、科学研究、自然教育、游憩和参观的机会[2]。

贾建中等提出：何为"中国国家公园"？顾名思义，它是"中国"的，具有中国的资源特色和制度特色；它是"国家"的，是具有国家代表性，由国家管理，全民享用的（即具有公益性质）；它是"公园"，即要体现公园的游憩功能，但因国家公园是以自然资源与环境为主体，与一般公园的人工园林有较多不同。因此，国家公园是在保护自然资源与环境的基础上，充分发挥其游憩与教育功能[3]。

另外，在国家公园的基本属性、本质特征等方面的讨论中，主要观点可概括为国家公园应具有下列属性。国家代表性，包括国家公园作为国家重要资源的代表性，通过国家公园实现民族自豪感、凝聚力等；资源的重要性，包括国家公园资源在全国的地位，资源的国家代表性，资源保护的重要意义，较大面积等；公益性，包括公民教育、公众享用、游憩机会的公益性，全民所有；科学性，包括基于科学研究，科学分类、

1 云南省质量技术监督局. 云南省地方标准. 国家公园基本条件（DB 53/T 298-2009），2009-11-16 发布，2010-03-01 实施。
2 唐芳林. 国家公园属性分析和建立国家公园体制的路径初探 [J]. 林业建设，2014（03）：1-8.
3 贾建中，邓武功，束晨阳. 中国国家公园制度建设途径研究 [J]. 中国园林，2015（02）：8-14.

科学规划，管理的科学性等[1-3]。在保护管理方面，有学者提出国家公园在管理体制上应实现国家确立，国家作为管理主体，国家立法，国家出资；在保护方面，国家公园应保证生态系统的完整性、资源的完整性、资源的自然性、原生性等[4]。并将上述内容作为国家公园应具备的基本属性。有部分学者提出了国家公园的可持续性（即当代、后代都有欣赏机会）、国家公园应具有非商业性、数量不宜过多等原则[5]。

1.2　国家公园准入标准

我国国家公园的准入标准应包括自然与文化价值、保护对象、利用强度、土地权属、管理主体等内容。

（1）具有国家代表性综合价值，资源类型丰富，各类资源价值较高；

（2）具有大面积、完整、原生性较好的自然生态系统；

（3）绝大部分土地为国家所有；

（4）由中央政府派出管理机构。

【国际借鉴】

部分国家和地区对国家公园的准入标准有较为严格的界定，加拿大、英国、新西兰、德国、日本都在国家公园相关的法律中明确了国家公园的准入标准。美国在政策（Policy）层面提出了准入标准。

各国家和地区对准入标准的规定主要分为两类：

其一，对资源属性、特征等进行规定，如美国、德国等。界定了资源的重要性、受干扰程度等内容。

其二，对法律程序进行规定，如加拿大、英国、新西兰、日本等。明确了新建国家公园的发起者、审议程序和批准程序等内容。

【国内分析】

我国各类自然保护地都提出了准入标准，出现在不同位阶的法律文件中。其中，自然保护区、风景名胜区的准入标准出现在国家条例中，森林公园、湿地公园、海洋特别保护区、地质公园、水利风景区、城市湿地公园的准入标准出现在主管部门的部门规章中。

我国多数自然保护地的准入标准规定了资源特征和设立程序两方面内容，海洋公园的准入标准只规定了资源特征方面的内容。对于资

1　陈耀华，黄丹，颜思琦．论国家公园的公益性、国家主导性和科学性 [J]．地理科学，2014（03）：257-264.

2　谢凝高．中国国家公园探讨 [J]．中国园林，2015（02）：5-7.

3　杨锐．防止中国国家公园变形变味变质 [J]．环境保护，2015（14）：34-37.

4　欧阳志云，徐卫华．整合我国自然保护区体系，依法建设国家公园 [J]．生物多样性，2014（04）：425-427.

5　雷光春，曾晴．世界自然保护的发展趋势对我国国家公园体制建设的启示 [J]．生物多样性，2014（04）：423-425.

源特征和设立程序的规定繁简不一，自然保护区和风景名胜区最为详尽。

1.3 我国自然保护地体系及国家公园的地位

建立国家公园体制，是我国生态文明体制改革和创新国家治理体制的重要组成部分。目前，我国的自然保护地虽有多种类型，但尚未形成体系，存在分类体系混乱，空间交叉、重叠，部门多头管理等问题。本节内容提出了我国自然保护地体系应包括的类型，在资源特征上的差异以及国家公园在该分类体系中的地位等建议。

我国的自然保护地体系应至少包括国家公园、自然保护区、风景名胜区、森林公园、地质公园、水利风景区、湿地公园、海洋特别保护区等类型。在现有自然保护地分类基础上，增加国家公园，并对现有的自然保护地进行评估和分类调整，部分空间整合纳入国家公园。对于尚未建立自然保护地的区域，如条件符合国家公园入选标准，可新建国家公园。

在我国自然保护地体系中，国家公园应在价值重要性、资源类型综合性和审美体验方面具有国家代表性。

从价值和资源方面考虑，国家公园应是资源类型最为丰富、多种价值（包括地质地貌价值、生态系统价值、物种多样性价值、文化多样性价值、审美价值等）最高的自然保护地，即每一处国家公园都应是多种资源的综合体，多种价值的集合体。而其他类型的自然保护地可以是单一价值最高，而非集合价值最高。

从审美体验方面考虑，国家公园和风景名胜区共同代表我国不同类型的自然审美体验，即"最美的"自然山水是由国家公园和风景名胜区共同代表的。而国家公园和风景名胜区的差别在于，国家公园必须以大面积、完整的生态系统来支撑其审美体验，并在其他方面也同时具有极高价值；而风景区则可以依托单一类型资源来形成极好的审美体验，其他方面的价值则不必是极高的。

从保护对象方面考虑，国家公园应当以保护大面积的完整生态系统为主要目标，与自然保护区共同保护我国不同类型的生态系统，并取得较好的保护成效。国家公园和自然保护区保护对象的不同体现在，国家公园必须拥有代表意义的大面积、完整的生态系统，而自然保护区还可以保护单一物种或多物种及其栖息地。

国家公园与森林公园、地质公园、水利风景区、湿地公园、海洋特别保护区的主要差别体现在两个方面，其一是国家公园在资源类型上是丰富的，即保护对象是多种的、复杂的，而上述其他类型则可能是单一的。尽管上述其他类型的自然保护地通常也是多种资源类型的复合体，但其最重要的价值体现是相对单一的，如森林公园应具有很高价值的森林生态系统价值，而地质公园则应主要在地质遗迹重要性方面具有很高价值。其二是国家公园的价值应高于上述其他类型自然保护地的价值。

表1-2重新梳理了在保护对象和资源品质方面各类自然保护地之间的相互关系。

【国际借鉴】

总体而言，国家公园在各国自然保护地体系中处于较为重要的位置，英国、德国、澳大利亚、加拿大的国家公园占保护地面积比例较大。

英国国家公园在保护地体系中面积最大，内部还包含一些范围较小的其他类型保护地。

从空间关系来看，各国的国家公园基本与保护地中其他保护地类型并列，美国、加拿大、英国、新西兰的国家公园中均有其他类型的自然保护地。澳大利亚国家公园与其他保护地是并列关系，在空间上与其他保护地不重叠。

各类自然保护地价值关系重构　　　　　　　　　　　　　　　　　　　　　　　　　　　　表1-2

	生态系统价值	物种多样性价值	地质遗迹价值	审美价值	历史文化价值
自然保护区	★★★★	☆☆	☆☆	☆	○
	☆☆	★★★★	☆☆	☆	○
国家公园	★★★★	☆☆☆	☆☆☆	★★★★	☆☆☆
风景名胜区	☆☆☆	☆☆	☆☆	★★★★	★★★
地质公园	☆☆	☆☆	★★★	☆☆	○
水利风景区	★★	☆☆	☆☆	☆☆	○
森林公园	★★	★	☆☆	☆☆	○
湿地公园	★★	★	☆☆	☆☆	○
城市湿地公园	★★	★	☆☆	☆☆	☆
海洋特别保护区	★★★	★★	☆☆	☆☆	☆

注：必须具备★；推荐具备☆；一般不具备○；数量表示价值大小。

从资源禀赋上看，新西兰、美国、德国、加拿大、印度都以不同形式阐述了国家公园在其自然保护地体系中为资源禀赋最高的一种类型。

英国的国家公园非常特殊，其自然属性较之于其余各国最低，依托于辽阔的自然美景之地，与人口密集地区毗邻，面积最大，允许游憩。相比之下，印度的国家公园自然度很高，限制人类的活动，甚至提出禁止放牧。保护、推广（Propagate）、发展野生动植物及其生境，限制资源的利用和人类活动的干扰。

从重要性方面分析，美国的国家公园在保护地体系中是最为重要的一类保护地，一是因为相对于其他保护地，国家公园的准入制度确保了列入国家公园的保护地是资源禀赋最高，且具有国家代表性的保护地；二是因为国家公园系统所包含的保护对象最为全面，涉及所有风景、自然和文化载体以及野生动物资源。新西兰的国家公园也是其保护地体系中最为重要的保护地之一，其原因有三：一是只有国家公园这类保护地有单独的立法——《国家公园法》；二是在其机构的相关文献中阐述了国家公园是资源类型最多样、问题最复杂的地区；三是国家公园要求编制总体规划。另外一类比较重要的是保护公园（Conservation Park），也因其资源的重要性而要求编制总体规划。其他类型的保护地，只要符合所在保护区域的"保护区域总体政策"即可，如无特别重要的问题，可不编制总体规划。

从保护的严格程度上分析，各国国家公园的保护严格程度在其自然保护地体系中均属上游。

其中，印度的保护级别最高（可利用程度最低），为严格保护区。

美国国家公园与IUCN的第二大类（国家公园）相对应，保护的严格程度在本国保护地体系中属于最高。国家公园通过分区来划定人们可以进入的区域，并且通过总体规划中分区管理的方法来规定人们可以进行的活动，从国家公园定义中，"不受破坏（Unimpaired）"可看出国家公园接受的利用程度较之于其他保护地最低，此外，国家公园这类保护地的保护对象最为全面。

新西兰的国家公园符合IUCN第二大类（国家公园）的要求。从管理的严格程度上，在新西兰的保护地体系里，国家公园内允许在指定区域内的旅游、放牧、狩猎，甚至有滑雪场。这些活动要写在国家公园总体规划里，经两个委员会批准、保护部长批准，采取特许经营的方式（在保护部拥有的土地上（Conservation Land），狩猎是统一管理的，不区分是哪类保护地）。

加拿大国家公园可能与IUCN的第二大类（国家公园）相对应，保护的严格程度高。国家公园内大面积的国家荒野地，使大部分区域受到人为干扰很小的保护。人的活动对国家公园的影响主要体现在居民的生活、旅游设施建设以及游客的活动等方面。对于居民的活动管理非常严格，如《国家公园法》第9条规定除了班夫国家公园中的班夫镇以外，国家公园内的社区与土地利用规划、开发相关的权力，不得由当地政府行使；旅游设施建设，严格按照规划进行；对于游客的活动，也有相当繁杂的规定，《国家公园法》第24条至31条规定了违法捕猎、交易、占有野生动物等犯罪行为以及相应的法律责任。另外，还有应对日常管理的多部行为手册、指南。

1.4　国家公园内其他保护地的命名

我国国家公园多数应由各类型自然保护地整合而成，少数为新设立的国家公园。整合原有自然保护地建立国家公园后，不应保留其他保护地的命名，即我国国家公园在空间上不应与前述自然保护地体系中其他类型自然保护地重合或交叠。但国家公园内应进行分区管理，针对不同分区提出管理政策，这些政策可能与其他类型自然保护地或其某些分区政策一致。新设立的国家公园不应再有其他类型的自然保护地命名。

上述"自然保护地"并不包含世界遗产、世界地质公园、生物圈保护区、国际重要湿地等"国际命名"，因为这些"国际命名"往往不具有单独的保护地实体，而是为已经设立的某种类型的自然保护地按照相应标准冠以新的命名。国家公园同时可以冠以国际组织的其他命名。

【国际借鉴】

美国国家公园体系中，"国家野生动物和风景河道"这一类保护地，与国家景观保护系统中的"国家风景河流""国家风景和历史道"这两类保护地中的某些保护地在空间上重叠。

加拿大国家公园与其他区域性的保护地类型不重叠，只有一例特殊，即国家荒野区。国家公园内的区域可以划分为荒野区，按荒野法的规定进行管辖与管理。

新西兰的自然保护地类型有国家公园（13处，28900km²）、保护公园（50多处，18000km²）、自然保护区（3500处，15000km²）以及若干私人土地保护区（610km²）。国家公园和其他类型的保护地在空间方面重叠关系很少。

德国的自然保护地主要包括6大类：自然保育区、国家公园、生物圈保护区、景观保护区、自然公园和欧盟Nature 2000保护地。这6大类在面积大小、保护目标、对土地利用的限制程度等方面各有不同，但是目前尚未形成统一的划分标准，部分类型之间在空间上也存在重叠或交叉。其中，国家公园、生物圈保护区和自然公园是大尺度保护区类型。区别于国家公园，德国的生物圈保护区（16 处，占 3.7% 国土面积）侧重保护、发展、恢复在传统使用方式影响下形成的大尺度的自然和文化景观多样性以及与之伴随的动植物物种和生境的多样性；自然公园（104 处，占 27% 的国土面积）侧重保护和维持大尺度文化景观中的栖息地和物种多样性，并将保护与可持续旅游和可持续土地利用紧密联系，其中农业用地 54%，林业用地 29%，城市或城镇用地以及道路用地为 12%，其他类型用地为 5%。相比较可知，德国国家公园在德国自然保护地体系中最强调大尺度荒野保护，侧重对自然过程的保护。根据德国国家生物多样性战略，到 2020 年，荒野地区面积要从 0.5% 增加到 2%。国家公园建设是德国生物多样性战略的重要内容，寻找合适区域、建立新的国家公园成为未来几年的重要任务。

【国内分析】

本指南认为我国国家公园在空间上不应与前述自然保护地体系中其他类型自然保护地重合或交叠。而目前，各类保护地在空间范围并不相互排斥，在微观上表现为自然保护地个体往往"一地多名"。且由于各种保护地类型在资源类型、严格程度、内容要求上标准不完全相同，自然保护区、风景名胜区、地质公园、森林公园等空间边界相互缠绕，界权模糊。仅以泰山、武夷山、九寨沟、黄山等若干国内世界遗产为例，可见边界关系之复杂。如九寨沟，既是国家级自然保护区，也是国家级风景名胜区，还是国家级地质公园，并且三者范围并不一致。风景名胜区范围在自然保护区范围的基础上，纳入了北侧的漳扎镇；地质公园范围在风景名胜区范围的基础上，纳入了东侧的部分山体。空间的交叠对应着管理机构的复杂。基层管理人员重申请成功轻实际管理，保护地的"婆家"很多，对上级管理部门的要求疲于应付，不能专注于保护管理，内耗严重。这种空间范围的交错也导致国家层面保护地面积等数据统计的极大困难，不利于整体把握我国自然保护地现状。

第二章

国家公园土地和自然资源权属

三、建立统一事权、分级管理体制

（九）分级行使所有权……按照自然资源统一确权登记办法，国家公园可作为独立自然资源登记单元，依法对区域内水流、森林、山岭、草原、荒地、滩涂等所有自然生态空间统一进行确权登记。划清全民所有和集体所有之间的边界，划清不同集体所有者的边界，实现归属清晰、权责明确。

2.1 权属目标

2.1.1 建立权责利明确的自然资源产权体系

应开展资源权属调查，厘清国家公园内及周边土地和自然资源的权属、用途、分布范围等，厘清国家、集体、企业及个人之间的产权关系。科学确定国家所有和集体所有各自的产权结构，合理分割并保护所有权、承包权、管理权、特许经营权等，通过协商依法协调解决历史遗留争议问题，明确土地和自然资源的产权主体，建立权责利明确的自然资源产权体系。

2.1.2 差异化调整资源权属，区内统一管理

根据资源管理分区和资源的所有权属性（国家所有／集体所有），差异化处置国家公园内的土地和自然资源，由国家公园管理机构统一管理。

国家所有的土地和自然资源应依据相关法律和程序交由国家公园管理机构相关部门统一管理。

集体所有的土地和自然资源应根据其与管理分区的空间关系采取差异化处置方式：

（1）位于核心保护区的集体土地和自然资源，应在充分征求其所有权人、承包权人的意见基础上，优先通过转让、出租、入股、抵押或者其他方式流转土地和自然资源，由国家公园管理机构统一管理；若协商不成功且集体土地和自然资源亟需保护，可依法对土地实行征收并给予补偿[1]。

（2）位于其他分区的集体土地和自然资源由国家公园管理机构与村集体组织（村民）通过合作协议实现区域内土地资源的统一有效管理。

集体所有的土地和自然资源的流转方式详见"2.3 资源流转"章节。

【基本概况】

由于历史原因，在我国很多自然保护地内都分布有一定比例的集体土地。我国林业系统的自然保护区内集体林地面积为 790.5 万 hm^2，占总面积的 6.5%，东南部地区的集体林地面积所占比例很高，福建、广东占 80% 以上[2]。集体林与大片的天然林相连接，从而使集体林处于重要的生态系统中，鉴于保护生态系统的完整性和生物的多样性要求，必须

---

1 根据《中华人民共和国土地管理法》（2004修正）："第二条：国家为了公共利益的需要，可以依法对土地实行征收或者征用并给予补偿。"

2 刘文敬，白洁，马静，等．我国自然保护区集体林现状与问题分析 [J]．世界林业研究，2011，24(3)：73-77.

将集体林划入到国家公园的范围内；或者为保证国家公园内基础设施或景点等的连贯性，便于国家公园的管理，把具有走廊价值地段的集体林归入到国家公园[1]。

我国自然保护地的土地所有权相对比较明晰，土地使用权、管理权较混乱，权属不清导致自然保护地与周边社区居民在资源利用上产生许多纠纷[2]。我国尚未建立权责利明确的自然资源产权体系。自然资源资产产权主体代表缺乏明确法律规定，归属不清、权责不明。公益性自然资源资产未能有效按照其公共、公益属性进行使用和监管。自然资源行政监管和资产管理职能没有分离，一些地方为了获取资产收益忽视资源与生态环境保护。自然资源资产的统一登记体系尚未形成，资产核算体系和监管体系尚没有建立。

【学者观点】

基于我国土地和自然资源权属复杂现状，国内学者对土地权属的处置有两类观点，一类是要尽可能地实现国家公园土地和资源的全民所有，一类是区别对待不同权属关系，允许地方和个人参与经营。

（1）朱春全（2015）提出要坚持国家公园的公产属性，唐小平（2014）提出实现土地和自然资源的全民所有。

（2）余高红和韩爱惠（2015）提出，对于权属关系简单的国家公园可以归国家统一经营管理，对权属关系复杂的国家公园应允许地方和个人参与经营管理和利益分配。郭冬艳（2015）认为建设国家公园使用农民集体土地，应当在符合法律法规的前提下，将生态保护与农民意愿有机地结合起来。王梦和黄金玲（2015）认为当全部土地资源国有化难以实现时，将国家公园中游览区域的土地权属国有化，实现保障国家公园部分区域的公益属性。郭冬艳和王永生（2015）提出应尊重农民意愿，严控征地范围，提高补偿标准；强调农民的公众参与，尊重农民话语权、议价权，将土地征收限制在国家公园的核心区；土地是农民的命根、是社会稳定的基础；农民如果失去了土地，当地有关部门应该做足安置工作，通过提高征地补偿标准、主动提供工作等措施，让失地农民无后顾之忧虑，才能使他们满意。

【国际借鉴】

除美国国家公园土地基本实现了国有化，其他大部分国家的土地权属呈现多样化特征。其中，英国、日本很大一部分国家公园都是私有土地，德国大部分国家公园是州政府土地和私有土地。

1　郭昌荣. 云南国家公园建设中的集体林权制度改革探论 [A]. 生态文明与林业法治——2010 全国环境资源法学研讨会（年会）论文集（上册）[C]. 2010.

2　杨欣，梅凤乔. 我国自然保护区的土地权属问题研究 [J]. 四川环境，2007. 26(4)：60-64.

国外国家公园解决土地权属差异的对策有：

（1）通过立法实施对国家公园不同土地权属区域的保护；

（2）实施分区制，通过实施较为严格的国家公园管理规划达到管理目的；

（3）逐步由国家收购或征用，采取中央或当地政府发行债券、中央政府补贴当地政府等方式进行购买[1]。

【试点方案】

各试点区土地权属的目标均比较明确，即建立权责利明确的自然资源产权体系，差异化调整资源权属，实现区内土地和自然资源的统一管理。其中对集体土地的管理是方案重点。各试点涉及的集体土地面积不同，调整产权的方法也各有侧重，具体数据见表2-1。总体来看，各试点区集体土地面积占比大，呈梯度分布。集体土地占试点区总面积的比例大致分为3个等级，大比例如福建武夷山、浙江钱江源，为70%以上；中比例如湖南南山、北京长城，集体土地占比为50%左右；小比例如湖北神农架和云南普达措，占比15%～20%。另外，各试点区均谨慎对待土地征收和集体土地转化为国有土地的工作。有3处试点区涉及集体土地转化为国有土地，其中2处为集体土地占大比例的试点，但转化面积相对较小，主要在保护要求最高的核心保护区或特别保护区，包括福建武夷山特别保护区和九曲溪上游的6.60 km^{2}商品林地通过征收实现国家所有；浙江钱江源征收核心保护区古田山片区的集体林地29.85 km^{2}实现国家所有。另有1处云南普达措为集体土地占小比例的试点，但转化面积相对较大，将严格保护区和生态保育区的集体土地全部转化为国有土地，面积约为84.40 km^2，占试点区总面积的14%。

国家公园试点区集体土地一览表　　　　　　　　　　　　　表2-1

试点区	集体土地（km^2）	比例（%）	集体土地转化为国有土地（km^2）	集体林地补偿（元/亩）
湖北神农架	166.20	14.20	—	20.00
云南普达措	132.10	21.90	84.40	—
北京长城	29.59	49.39	—	200.00
湖南南山	371.95	58.50	—	14.50、30.00
福建武夷山	700.23	71.26	6.60	21.75、18.75
浙江钱江源	200.72	79.60	29.85	60.00、45.00、40.00

1 刘红纯. 世界主要国家国家公园立法和管理启示 [J]. 中国园林, 2015（11）: 73-77.

2.2 确权登记

2.2.1 资源调查

由国家公园管理局机构成立指导工作组，监督指导资源权属调查。国家公园地方管理机构和相关地方政府部门组成联合工作小组，以土地利用现状调查（自然资源调查）成果为底图，结合各类自然资源普查或调查成果，通过实地调查，查清登记单元内各类自然资源的类型、边界、面积、数量和质量等，形成自然资源调查图件和相关调查成果。

2.2.2 资源确权登记

国家公园管理局建立土地和自然资源统一确权登记制度，依法制定《国家公园统一确权登记办法》。

国家公园地方管理机构应在资源调查的基础上开展确权登记工作，对土地和水流、森林、山岭、草原、荒地、滩涂以及探明储量的矿产资源等自然资源的所有权主体、代表行使主体以及代表行使的权利内容等权属状况统一进行确权登记，划清全民所有和集体所有之间的边界，划清全民所有、不同层级政府行使所有权的边界，划清不同集体所有者的边界[1]。国家公园的资源确权登记以自然资源确权登记为基础，已经纳入《自然资源统一确权登记办法（试行）》的自然资源，按照有关规定办理，不再重复登记。

2.3 资源流转

2.3.1 集体土地和自然资源的流转方式

1. 优先通过转包、出租、互换、入股等方式流转集体土地和自然资源的部分权益

按照有关法律法规和国家有关政策的规定，国家公园管理机构应优先通过转包、出租、互换、入股等方式获取集体土地和自然资源的部分权益，包括土地承包经营权、林权、草原承包经营权和宅基地使用权，为国家公园管理机构统一保护管理。

应坚持依法、平等协商、自愿、有偿流转原则，切实保障农民的承包经营权。

1 依据《自然资源统一确权登记办法（试行）》第三条。

流转方案须在村集体经济组织内公示，经村民会议三分之二以上成员或者三分之二以上村民代表同意后，报乡镇人民政府批准。

【法规依据】

（1）土地承包经营权的流转

第三十二条 通过家庭承包取得的土地承包经营权可以依法采取转包、出租、互换、转让或者其他方式流转。

第三十三条 土地承包经营权流转应当遵循以下原则：

（一）平等协商、自愿、有偿，任何组织和个人不得强迫或者阻碍承包方进行土地承包经营权流转；

（二）不得改变土地所有权的性质和土地的农业用途；

（三）流转的期限不得超过承包期的剩余期限；

（四）受让方须有农业经营能力；

（五）在同等条件下，本集体经济组织成员享有优先权。

第三十四条 土地承包经营权流转的主体是承包方。承包方有权依法自主决定土地承包经营权是否流转和流转的方式。

第四十九条 通过招标、拍卖、公开协商等方式承包农村土地，经依法登记取得土地承包经营权证或者林权证等证书的，其土地承包经营权可以依法采取转让、出租、入股、抵押或者其他方式流转。

——《中华人民共和国农村土地承包法》（2009 修正）

（2）林权的流转

一、坚持依法、自愿、有偿流转原则，切实保障农民林地承包经营权

开展集体林权流转，必须在坚持农村集体林地承包经营制度的前提下，按照依法、自愿、有偿原则流转，承包方有权依法自主决定林权是否流转和流转的方式，任何组织和个人都不得限制或者强行农民进行林权流转。

二、规范林权流转秩序，防范林权流转风险

依法抵押的未经抵押权人同意的不得流转；采伐迹地在未完成更新造林任务或者未明确更新造林责任前不得流转；集体统一经营管理的林地经营权和林木所有权进行林权流转的，流转方案须在本集体经济组织内公示，经村民会议三分之二以上成员或者三分之二以上村民代表同意后，报乡镇人民政府批准，到林权管理服务机构挂牌流转，或者采取招标、拍卖、公开协商等方式流转。

——国家林业局关于进一步加强集体林权流转管理工作的通知（林改发〔2013〕39 号）

（3）草原承包经营权的转让

第十三条 集体所有的草原或者依法确定给集体经济组织使用的国

家所有的草原，可以由本集体经济组织内的家庭或者联户承包经营。

在草原承包经营期内，不得对承包经营者使用的草原进行调整；个别确需适当调整的，必须经本集体经济组织成员的村（牧）民会议三分之二以上成员或者三分之二以上村（牧）民代表的同意，并报乡（镇）人民政府和县级人民政府草原行政主管部门批准。

集体所有的草原或者依法确定给集体经济组织使用的国家所有的草原由本集体经济组织以外的单位或者个人承包经营的，必须经本集体经济组织成员的村（牧）民会议三分之二以上成员或者三分之二以上村（牧）民代表的同意，并报乡（镇）人民政府批准。

第十五条　草原承包经营权受法律保护，可以按照自愿、有偿的原则依法转让。

草原承包经营权转让的受让方必须具有从事畜牧业生产的能力，并应当履行保护、建设和按照承包合同约定的用途合理利用草原的义务。

草原承包经营权转让应当经发包方同意。承包方与受让方在转让合同中约定的转让期限，不得超过原承包合同剩余的期限。

——《中华人民共和国草原法》

（4）宅基地使用权的转让

第一百五十三条　宅基地使用权的取得、行使和转让，适用土地管理法等法律和国家有关规定。

——《中华人民共和国物权法》

【国际借鉴】

美国实行土地私有制，美国国家公园可以通过购买、交换、馈赠、遗赠和征用实现土地所有权的转移。但实际情况是，当美国国家公园局不可能或没有足够的资金获得土地所有权的情况下，国家公园局一般会采取一些变通的办法以获得相关土地的有效管理权。常用的方式包括合作协议和购买地役权。合作协议是指土地所有者在保留其土地所有权的情况下，与国家公园局就土地的运营、开发等达成的管理协议。这些管理协议不能违背国家公园有关的法律、政策和规划。购买地役权是指国家公园局购买私人土地所有者的部分土地使用权，例如国家公园局购买土地的通过权，以使得游客能够穿越私人业主的土地，到达某一风景游览地区；有些情况下，也指花钱限制土地所有者的一些权利，例如国家公园局购买土地的风景权（Scenic Easement）以防止私人业主在自己的土地上砍树或建造永久建筑。

2. 通过"征收"获得集体土地和自然资源的所有权和使用权

当通过转包、出租、互换、入股等方式流转土地使用权协商不成功且集体土地亟需保护等情况下，可通过土地征收方式获得土地的所有权和使用权。土地征收应充分尊重农民意愿，严格控制征地范围，将土地征收限制在核心保护区的集体土地。

应依照法律规定的程序和权限进行土地征收，并给予被征收的农村集体经济组织和个人进行合理补偿和拓展安置。补偿标准应适当提高，结合生态公益林、地方居民生活标准、土地的市场价格等确定。

应综合统筹保护紧迫性、资金可行性、社会稳定性等条件，编制国家公园分阶段征地计划，逐步实现土地征收。

【国内分析】

土地征收是指国家为了公共利益需要，依照法律规定的程序和权限将农民集体所有的土地转化为国有土地，并依法给予被征地的农村集体经济组织和被征地农民合理补偿和妥善安置的法律行为。《宪法》第10条规定："国家为了公共利益的需要，可以依照法律规定对土地实行征收或者征用并予以补偿"，从根本大法的高度对土地征收制度进行了确立。相应地，《土地管理法》及《土地管理法实施条例》《物权法》均对相关制度进行了细节性和可操作性的规定，构建起了我国土地征收制度。

依照我国现行法，要改变土地性质，将土地所有权从集体所有变为国家所有，土地征收是唯一的合法方式。根据《土地管理法》第45条至第49条的规定，土地征收，是指市、县人民政府依法定程序逐级上报经省级政府或国务院审批后，组织实施的将集体土地征收为国有土地，并对被征地农民和集体经济组织进行补偿安置的行为。

但是，在土地征收程序上还存在着很多缺陷，迫切需要进行改革、完善。在自然保护地土地征收过程中，存在着强征、以租代征、补偿不到位等问题。

3. 通过"合作协议"实现统一管理

国家公园管理机构与村集体组织（村民）签订"合作协议"，集体土地和自然资源的权属关系不变，通过统一规划、资源共管、经济补偿、建立周边社区利益共享机制等实现区域内土地资源的统一有效管理。"合作协议"应写入国家公园管理办法，以提供有效的法律保障。

【国内分析】

2006年3月，宁夏回族自治区出台《宁夏回族自治区六盘山、贺兰山、罗山国家级自然保护区条例》，其中第十四条规定，自然保护区内集体土地可以由自然保护区管理机构与当地有关集体经济组织签订社区共建协议，按照自然保护区管理规定进行管理。1989 年 4 月通过、2014 年 4 月第三次修正的安徽省《黄山风景区名胜区管理条例》，其中第五条规定，属集体所有和林业单位管理的土地、林木等，在管委会的指导下，由其所有人或者承包人负责管理、保护。2011 年 10 月浙江衢州市出台的《浙江衢州乌溪江国家湿地公园保护管理暂行办法》第五条规定，规划区内的土地权属关系维持不变，农村集体土地未经合法征收，不得改变为国有，农民享有自主经营权。

【国际借鉴】

加拿大政府针对居住在国家公园或保留区旁的原住民制定了共同管理机制。加拿大联邦政府设立了联邦条约协商局（Federal Treaty Negotiation Office），其任务是代表加拿大所有人民，同地方政府协商，与原住民一同制定光荣的、持久的和可执行的条约。例如加拿大联邦政府、当地政府和库瓦倪（Kluane）国家公园周边的原住民经过多年协商，在 1993 年制订并颁布了土地与自治合约，明文规定位于原住民传统领域之内的国家公园管理计划或政策必须遵守的主要原则：国家公园应认可原住民在历史、文化及其他相关方面的权利；认可与保护原住民在公园内的传统与当代资源利用；永久性保护公园北部区域中具有国家独特性和重要性的自然环境；鼓励大众了解、欣赏、享受公园环境，并促进其积极保护公园风貌以流传给后代；在公园保护与管理过程中给原住民提供经济机会；认可口述历史在研究公园内与原住民相关的重要史迹地与可移动遗产资源时的作用；认可原住民在解说公园内与原住民文化相关的地名与遗产资源时的权益。在这个文件中，自然保护和原住民的文化与生存权，都是公园管理的最高目标。由于自治政府必须对所有原住族人负责，在签署自治合约后，许多保护措施反而比自治之前还严格。即使承认原住民拥有生计所需的资源利用权，但代表原住民的谈判者仍同意建立更大范围的禁止农猎区 [1]。

2.3.2　集体土地和自然资源的补偿

1. 货币补偿

科学制定补偿标准：应在生态公益林等国家和地方相关补偿政策基础上，综合考虑地方生活标准，科学制定补偿标准。应在吸纳社区群众参与的基础上，对集体土地开展收益与成本分析，确定集体土地的经济价值及其收益，作为制定补偿标准的科学依据。首先可根据经济价值、

1　王应临. 基于多重价值识别的风景名胜区社区规划研究 [D]. 北京: 清华大学, 2014.

资源状况对集体土地进行分级，确定每级的补偿标准；其次根据受到的限制程度，确定权重；最后综合上述两方面因素，确定集体土地的具体补偿标准[1]。

分区分类差异化补偿：根据集体土地的类型（耕地／林地／宅基地等）、不同处置方式(征收／流转／合作协议)和分区(核心保护区／其他)制定差异化补偿标准。

【法规依据】

征地补偿标准：

第四十七条　征收土地的，按照被征收土地的原用途给予补偿。

征收耕地的补偿费用包括土地补偿费、安置补助费以及地上附着物和青苗的补偿费。征收耕地的土地补偿费，为该耕地被征收前三年平均年产值的六至十倍。征收耕地的安置补助费，按照需要安置的农业人口数计算。需要安置的农业人口数，按照被征收的耕地数量除以征地前被征收单位平均每人占有耕地的数量计算。每一个需要安置的农业人口的安置补助费标准，为该耕地被征收前三年平均年产值的四至六倍。但是，每公顷被征收耕地的安置补助费，最高不得超过被征收前三年平均年产值的十五倍。

征收其他土地的土地补偿费和安置补助费标准，由省、自治区、直辖市参照征收耕地的土地补偿费和安置补助费的标准规定。

被征收土地上的附着物和青苗的补偿标准，由省、自治区、直辖市规定。

征收城市郊区的菜地，用地单位应当按照国家有关规定缴纳新菜地开发建设基金。

依照本条第二款的规定支付土地补偿费和安置补助费，尚不能使需要安置的农民保持原有生活水平的，经省、自治区、直辖市人民政府批准，可以增加安置补助费。但是，土地补偿费和安置补助费的总和不得超过土地被征收前三年平均年产值的三十倍。

国务院根据社会、经济发展水平，在特殊情况下，可以提高征收耕地的土地补偿费和安置补助费的标准。

——《中华人民共和国土地管理法》（2004 修正）

2019 年修正版将 2004 年修正版的第四十七条改为第四十八条，并在内容上进行了修改。

第四十八条　征收土地应当给予公平、合理的补偿，保障被征地农民原有生活水平不降低、长远生计有保障。

征收土地应当依法及时足额支付土地补偿费、安置补助费以及农村

1 斯萍，谢屹，王昌海，等．我国自然保护区集体林生态补偿机制研究 [J]．林业经济，2015（09）：101-104、110.

村民住宅、其他地上附着物和青苗等的补偿费用，并安排被征地农民的社会保障费用。

征收农用地的土地补偿费、安置补助费标准由省、自治区、直辖市通过制定公布区片综合地价确定。制定区片综合地价应当综合考虑土地原用途、土地资源条件、土地产值、土地区位、土地供求关系、人口以及经济社会发展水平等因素，并至少每三年调整或者重新公布一次。

征收农用地以外的其他土地、地上附着物和青苗等的补偿标准，由省、自治区、直辖市制定。对其中的农村村民住宅，应当按照先补偿后搬迁、居住条件有改善的原则，尊重农村村民意愿，采取重新安排宅基地建房、提供安置房或者货币补偿等方式给予公平、合理的补偿，并对因征收造成的搬迁、临时安置等费用予以补偿，保障农村村民居住的权利和合法的住房财产权益。

县级以上地方人民政府应当将被征地农民纳入相应的养老等社会保障体系。被征地农民的社会保障费用主要用于符合条件的被征地农民的养老保险等社会保险缴费补贴。被征地农民社会保障费用的筹集、管理和使用办法，由省、自治区、直辖市制定。

——《中华人民共和国土地管理法》（2019 年修正）

【现状概况】

九寨沟风景区在社区利益补偿机制方面进行了有益的探索，形成了多种形式的社区利益补偿和参与方式：

（1）九寨沟管理局从每张门票收入中提取 7 元作为社区居民生活保障，确保了社区居民生活保障费随景区门票收入增长而增长。社区居民人均从门票提成中获得年收入约 1.4 万元。

（2）九寨沟管理局每年从每张门票中提取 10 元支持漳扎镇建设，主要用于镇上的环境保洁、周边的生态保护、基础设施建设以及风貌改造等。

（3）九寨沟管理局组织了景区居民入股，建设并运营诺日朗旅游服务中心。该服务中心由管理局和景区居民共同出资筹建，双方所持股份分别为 51% 和 49%；但是在收益分成方面，景区管理局只占 23%，景区居民占 77%。

【试点方案】

各试点区集体林地货币补偿形式和费用差异较大。其中有根据统一标准支付集体林地补偿费用（20 元 / 亩，湖北神农架）；根据分区按照不同标准支付集体林地补偿费用（60元/亩、45元/亩、40元/亩，浙江钱江源）；按照统一标准支付集体林地补偿费用（14.5元/亩），并小范围开展地役权协议试点（30元/亩，湖南南山）；根据分区按照不同标准支付集体林地补偿费用（21.75元/亩、18.75元/亩），并全面开展地役权协议试点（尚未明确费用和具体方法，福建武夷山）；根据文物保护范围支付集体土地流转费（耕地1000元/亩、林地200元/亩，北京长城）。

2．非货币补偿

货币补偿之外，国家公园还应该积极寻找其他补偿途径。主要包括：一是就业补偿，提供免费就业培训和就业机会，国家公园的保护管理项目、访客服务项目和特许经营项目应优先考虑失地农民就业。二是技术支持，为社区提供创业辅导、生态友好产品等技术支持，扶持社区发展。三是基础设施建设，协助社区完善环卫、道路等基础设施建设。

【试点方案】

武夷山国家公园体制试点"非货币补偿方案"借鉴。一是就业补偿，对于失地农民，应积极为他们创造就业机会，优先推荐给试点区内的经营单位，免费为农民进行就业培训。二是创业辅导，对于失地农民进行的创业行为，试点区应给予创业辅导和技术帮助。三是土地置换，通过土地置换方式推动试点区内的原住居民的工厂和居住地搬迁。对于居民的生态搬迁，可以结合武夷新区建设，给予享受市民待遇的政策进行补偿。

第三章

国家公园资金机制

四、建立资金保障制度

（十二）建立财政投入为主的多元化资金保障机制。立足国家公园的公益属性，确定中央与地方事权划分，保障国家公园的保护、运行和管理。中央政府直接行使全民所有自然资源资产所有权的国家公园支出由中央政府出资保障。委托省级政府代理行使全民所有自然资源资产所有权的国家公园支出由中央和省级政府根据事权划分分别出资保障。

加大政府投入力度，推动国家公园回归公益属性。在确保国家公园生态保护和公益属性的前提下，探索多渠道多元化的投融资模式。

（十三）构建高效的资金使用管理机制。国家公园实行收支两条线管理，各项收入上缴财政，各项支出由财政统筹安排，并负责统一接受企业、非政府组织、个人等社会捐赠资金，进行有效管理。建立财务公开制度，确保国家公园各类资金使用公开透明。

3.1 国家公园资金收支管理

3.1.1 资金收入

国家公园应采取多元化的资金投入与保障机制，综合利用财政拨款、门票与商业活动、社会捐赠、融资贷款等资金来源，争取达到收支平衡。

中央和地方政府应依据事权划分，通过财政拨款保障国家公园的运营。试点期间应保持体制试点区内原有自然保护地的公共财政投入不变，同时应积极争取中央财政对于国家公园建设方面的专项资金，用于试点区资源保护事业；争取国家各部委对自然保护地相关的资金支持；将国家公园管理机构纳入市级或更高级政府部门预算管理。各级政府的资金配比，应采取中央与省级资金为主，市级财政提供支持的方式。

国家公园可以对特许经营、电影拍摄等商业性活动收取费用，并适当收取门票费用，但应设定最高限额。为确保国家公园的公益属性，国家公园通过商业活动和门票所获得的收入不应成为国家公园收入的主体部分。

国家公园应积极拓展资金渠道，接受社会企业、非政府组织、个人等社会捐赠资金，用于发展资源保护事业。在确保国家公园资源保护和公益属性的前提下，探索多渠道的投融资模式。

应基于目前众多保护地商业活动和门票收入作为主要收入来源的情况，通过国家公园体制建设，建立各级政府的投资占公园投资主体，公园经营收入、基金捐赠收入等作为合理补充的健康收入结构。

【国际借鉴】

各国国家公园资金收入情况介绍：

美国国家公园的运营资金中，超过90%来自国会的拨款。美国有2/3的国家公园不收取门票，门票收入仅占总收入的不到10%。在社会捐赠方面，主要包括来自私人、非政府组织和公司等的捐赠。捐赠主体中非政府组织数量非常多，他们以出售图书、提倡捐赠等方式筹措资金。每个国家公园都有非政府组织提供帮助，其中比较著名的有国家公园基金会和塞拉俱乐部等。加拿大、澳大利亚、新西兰等国家的国家公园运营资金也同样以政府财政为主要来源。

【国内分析】

我国自然保护地资金来源现状：

目前我国自然保护区主要为财政拨款事业单位或自收自支事业单位，大部分风景名胜区为自收自支事业单位，不少以商业活动和门票收入作为主要收入来源，对资源保护和科研游憩均不利。在国家公园体制建设过程中，应逐步减少商业活动和门票收入在公园总收入中的占比。

【案例研究】

大理洱海环湖截污 PPP 项目：

2015 年 10 月 11 日，大理州"环湖截污（一期）PPP 项目"正式落地开工，批复投资 45 亿元，该项目是财政部第二批 PPP 示范项目。

在洱海治理之前，其正在承受的环境压力已超过其生态环境功能定位下环境承载力数倍，其上游及湖域周边农田径流与无组织畜禽养殖粪便造成的农业面源污染，占入洱海污染负荷的 60% 以上。另一方面，大理近年每年接待旅游人数超过 2000 万人次，更增大了生态环境压力，洱海已处于向富营养化初期转化的可逆的敏感时期。大理州政府在经过多方测算后预估，环湖截污 PPP 工程的总投资要达到 34.68 亿元，包含 6 座污水处理厂及 300 多公里的截污干管（渠）等工程，完工后将彻底斩断流向洱海的生产生活污水。

按照"依山就势，有缝闭合，分片收集，集中处理"的原则，2015 年 10 月 11 日，大理州"环湖截污（一期）PPP 项目"正式落地开工，批复投资 45 亿元，该项目也是财政部第二批 PPP 示范项目。在项目公司股权结构设计上，政府方出资代表大理洱海保护投资建设有限责任公司出资 1.047 亿元，占股 10%，社会资本出资 9.432 亿元，占股 90%；资本金占项目总投资额度的 30%。在项目市场测试中，有 20 余家社会资本方表达了合作意向，最终中标的社会资本方是中国水环境集团。在洱海水环境治理 PPP 项目实施的过程中，社会资本方帮政府节省约 6 亿元，缩短工期 6 个月。

该项目的回报机制为政府付费模式。经测算，该项目政府每年需要付费 3.81 亿 ~ 3.88 亿元。

【试点方案】

试点方案在运营成本方面进行了较为细致的估算，但是在资金来源方面尚未明确。公益性保障程度尚不清晰。除了北京长城试点区外，其余均未明确资金来源。北京长城提出资金收入包括 4 项：门票收入 2.84 亿元；特许经营 0.05 亿元；财政拨款 0.70 亿元；国家公园基金 0.01 亿元。理想状态下，国家公园应建立由各级政府财政投入占公园收入主体、公园经营收入和基金捐赠收入等作为合理补充的收入结构。门票收入占总体收入的近 4/5，令人对国家公园公益性的保障程度担忧。

3.1.2 资金支出

国家公园资金支出主要用于公园运营、设施建设、保护管理等。国家公园在每年度初应就日常运行费（人员经费和运行经费）、资源保护费、设施建设费、补偿费用、科研费用、社区发展支持费用等项目进行成本预测。

其中，日常运行费（人员经费和运行经费）应由国家财政负责保障；资源保护、补偿费用、科研费用应主要由国家和地方财政支出负担；基础设施建设、科普教育等方面的所需经费，在财政支出的前提下，可由特许经营所得、社会捐赠、投资贷款等资金来源作为有益的补充。用于保护相关的经费与专项基金须做到专款专用，不能随意挪用于其他目的。

【试点方案】

各试点方案预测资金支出的分配情况：

各试点方案对于成本预测的项目分类各不相同，但基本都包含日常运行费、资源保护费、设施建设费、补偿费用、其他费用等。目前，我国的国家公园试点区的资金支出预算大部分在于土地补偿、基础设施建设等。例如，钱江源试点期内预计投入 31 亿元，其中土地流转需 16 亿元，基础设施建设 13 亿元。

【国际借鉴】

各国国家公园资金支出情况介绍：

发达国家因其较为完善的国家公园体制建设，资金支出主要用于人员经费、游憩体验、解说教育与科研等。美国国家公园工作人员的工资一般占国会拨款总额的 2/3，用于建设和维护的费用一般占国会拨款总额的 1/3。澳大利亚国家公园的支出中，员工工资与服务费用各占约 40%。新西兰国家公园主要资金支出也为人员经费和运营经费。我国国家公园正处于体系建设初期，土地补偿、基础设施建设等支出占比较高，待国家公园体制建设逐渐完善，应促进解说教育和科研等分配比例的提高。

3.2　国家公园财务管理制度

预算管理制度：国家公园管理机构应严格按照规范的程序和要求编报预决算，按规定的用途拨付和使用财政资金。

财务核算制度：国家公园管理机构设财务管理部门对管理范围内的资金单独核算、规范管理，建立资金台账进行详细记录。

资金使用制度：应符合国家和地方有关资金合法使用的规定，保证专款专用。

监督检查制度：建立全覆盖所有政府性资金和捐赠资金全过程的监督机制，建立和完善政府决算审计制度，进一步加强审计监督，特别是对保护资金和旅游开发及经营性资金的分类监管。

绩效评价制度：对国家公园资金加强绩效评价管理，综合评价资金使用的经济效益和社会效益，其中以资源保护效益为最高权重。

【试点方案】

各试点区在总结现状问题时，提出了资金使用效率低、使用程序混乱、缺乏有效的评价制度等问题。

各试点区均建立了完善的财务管理制度体系，从预决算到资金使用、检查与评估，促进了资金的高效、有序使用。

3.3　国家公园特许经营制度

国家公园特许经营的定义。特许经营是指特许经营权拥有者以合同约定的形式，允许被特许经营者有偿使用其名称、商标、专有技术、产品及运作管理经验等从事经营活动的商业经营模式。具体到国家公园，则是特许经营权拥有者在公园内利用一部分公园资源，提供有助于公众享用国家公园自然与人文资源的有关设施或服务的经营模式。

国家公园特许经营的原则。针对国家公园提供游赏体验的职能，为有效提高公园服务效率和服务水平，最优化访客体验，拓展管理经费的资金渠道，应推行国家公园特许经营制度。应遵循"管理权和经营权分离"的管理原则，"公开、公正、公平"的招标运营和资金使用原则。制定公众参与监督制度，让公众参与特许经营评估和资金收支全流程的监管，充分发挥社会监督的作用。

国家公园特许经营的法律依据。应在《国家公园法》中，规定特许经营权转让的原则、项目类型、期限、评估程序等，并颁布国家公园特许经营条例。

国家公园特许经营的项目类型。应严格界定国家公园内特许经营类与非特许经营类项目的界限，明确特许经营类项目的种类。特许经营类项目一般包括向游客提供的食宿、交通、娱乐等经营性服务，如：交通、宾馆、饭店、商店、绿化、环境卫生、安保等。重点项目如通信、基础设施维护、医院等，可吸引国企进行特许经营。有关国家公园资源保护、管理、监督的项目，如生物保护、林地管理、道路等市政基础设施建设等，不应纳入特许经营，应由政府财政保障运行经费。特许经营活动不能超出为游客提供基本食宿交通和户外活动的范围，不能搞豪华高档和与游览公园无关的吃喝游乐项目。

国家公园特许经营项目的年限。根据项目的内容和性质确定特许经营授权年限，合同期限一般为 5 年，最长不超过 10 年。

国家公园特许经营的参与主体。涉及 3 部分主体：国家层面的国家公园统一管理机构负责制定特许经营的相关制度和条例，并对各个地方国家公园管理局和特许经营者实行监管，同时应负责签署大型特许经营项目及审批小型特许经营项目。地方国家公园管理局应负责小型特许经营活动的合同签署及上报审批，负责对特许经营项目进行招标，负责具体管理特许经营业态的运行以及对于特许经营者的运营计划与实际运营状况进行考核和评估，并收取一定的特许经营费用；在招标过程中，进行招标活动的信息要公开，招标文件内容应完备，应公开开标，并公开中标结果。特许经营者是国家公园中商业服务设施的经营主体，特许经营者应具有提供高质量的相应服务的资质，受到地方和中央国家公园管理机构的业态监管，需要缴纳一定的特许经营费用（具体数额可在合同中敲定，建议为经营总收入的 5% ~ 20%，特许经营费用可作为一个投标打分项），并按照法律法规向地方管理者上报年度运营计划以待审核。当地人在特许经营主体方面应具有优先权。特许经营者在国家公园内部进行的所有建设，不动产为国家公园所有，但特许经营者有权要求在特许经营合同中进行适当补偿。

国家公园保护与控制原则。所有特许经营项目必须符合环境资源保护的最高标准，其建筑设施和经营活动不能对自然人文景观造成破坏。特许经营者需指定合同期内详细的运营计划，包括产品质量要求、解说系统要求、产品经营定价要求、景观资源管理要求、环境管理要求、食品安全管理要求和金融管理要求等。该运营计划应符合国家公园总体规划中对于资源保护及利用的总体强度要求，符合资源保护优先，可持续利用，最小干扰，保护完整的物种、生物过程与栖息地等保护原则。国家公园管理局对其运营计划进行评估，并对计划的执行进行监管，建立相应处罚与退出机制，依据其表现确定在执行期间是否需要中止特许经营合同。可引入风景名胜资源有偿使用机制，政府与国家公园管理机构制定风景名胜资源有偿使用的措施和具体方案，从经济角度对特许经营的开发强度进行控制。

国家公园资金使用原则。国家公园特许经营的资金管理要坚持公开、公平、公正的原则，资金使用信息必须公开透明。制定公众参与监督制度，让公众参与特许经营资金收支全流程的监管，充分发挥社会监督的作用。应合理分配特许经营资金使用，以资源保护为先。

【国内分析】

中国风景名胜区的转让经营[1]：

由于风景名胜区保护建设资金投入一直没有纳入各级政府国民经济和社会发展计划，加上管理体制等原因，许多风景名胜区往往在政府财政补贴不足的情况下，为了筹措资金，采取多种方式进行转让经营。有些风景名胜区转让为风景区提供多种服务的经营点的经营权；有的风景名胜区将景区（景点）土地及风景资源进行出让、转让经营；有的风景名胜区出现将门票收费转让的情况；有些风景名胜区甚至全部转让经营。

一些地方将风景名胜区事业与旅游产业混同起来，把风景名胜区交由企业主管，致使一些风景名胜区旅游接待和商业服务设施超限度增加，给风景名胜区规划的实施造成混乱，导致风景名胜区的城市化、商业化、人工化不断加剧。

当前状况下，一些风景名胜区内的委托经营项目，普遍存在有效性和合法性不足、"经营权"范围和内容不清、经营期过长、政府监管不力等问题，这些问题不仅使风景名胜资源面临潜在的危险，也使国家利益和当地居民的合法权益难以得到有效保护。

转让经营现状问题分析：

（1）不利于风景名胜资源保护

风景名胜资源是具有国家代表性的、珍稀的国家资源，由于获得风景名胜区经营权的一般都是企业或者是个人法人实体，他们的经营目标是为了实现经济利益的最大化，在企业经济利益的驱动下，如果监管不力，不注意保护景观资源和自然环境，企业的开发经营行为很有可能出现过

1 安超. 美国国家公园的特许经营制度及其对中国风景名胜区转让经营的借鉴意义 [J]. 中国园林, 2015. 31（02）: 28-31.

度开发利用和风景名胜资源受到破坏的情况。

（2）管理机构管理职能被弱化

风景名胜区经营权转让过程中同时伴随着一系列对风景名胜资源的监督管理权力的转移，如对景区规划建设的管理权等。从而导致政府管理职能的弱化或消失，这与国家规定的要加强政府对风景名胜区的管理是相悖的。

（3）风景名胜区门票收益权偏离

在风景名胜区转让经营中，一些风景名胜区甚至将门票收益权也作为一种经营权，转让给企业专营门票收入。风景名胜区的门票收费，是一种资源补偿和保护性收费，是政府管理部门对风景名胜资源实行统一管理的重要手段。门票收入是风景名胜区实行有效保护和管理的重要经济来源，也是风景名胜区实行特许经营和委托经营的重要前提，不属于经营内容，因此不能将风景名胜资源和门票收益权转让给企业。

（4）市场经营与资金使用不规范

从已有的风景名胜区经营权转让实例看，一些项目没有按照市场的方式进行选择和评估，有的转让行为甚至存在"暗箱"操作，使风景名胜区经营权转让有失公平，国家利益受到损害。有的项目转让合同经营范围不合理、转让期过长、保护责任不明确，对企业经营项目缺少必要的制约和限制。

有的企业将风景名胜区门票及资源性收益全部纳入企业经营收益，使得风景名胜资源保护资金相对减少，没有形成有效的监督机制，不利于风景名胜区的资源保护。

【国际借鉴】

（1）美国国家公园的特许经营制度

应对众多商业服务设施进入后给国家公园保护带来的潜在威胁，1965年，美国国会通过了《国家公园管理局特许事业决议法案》，要求在国家公园体系内全面实行特许经营制度。1998年，通过了《改善国家公园管理局特许经营管理法》(National Park Service Concessions Management Improvement Act of 1998)，规定了特许经营权转让的原则、方针、程序，并取代了《国家公园管理局特许事业决议法案》。

（2）特许经营参与主体

美国特许经营制度中所涉及的主体共有3个部分。

① 美国国家公园管理局 (National Park Service)，其作为美国国家公园管理的核心部门和最高决策机构，负责制定特许经营的相关制度和条例，并对各个地方国家公园管理局和特许经营者实行监管。

② 地方国家公园管理局 (Local Authority)，其作为与具体特许经营者接触的行政主体，起到了具体管理特许经营业态的行政职能。其以合同为依据，通过特许经营者的年度计划进行考核和评估，并收取一定的特许经营费用。

③ 特许经营者 (Concessioner)，是美国国家公园中商业服务设施的经营主体，受到地方和中央国家公园管理机构的业态监管。他们需要缴纳一定的费用来维持他们的特许经营，同时他们还需要按照一定的法律法规向地方管理者上报相应的计划以待审核。

（3）特许经营管理流程

各个国家公园管理机构依据所制定的《游客商服设施业态规划》对于管辖范围内的业态进行宏观管理，并对业态进行总体的调整。各个国家公园管理机构对于特许经营者管理的核心就是合同管理。根据规定，特许经营不可签订长期合同，一般为 3～5 年，而管理者通过对特许经营者的评估来确定是否履行和延长合同。

特许经营者则需要每年制定操作计划 (Operation Plan)，各个国家公园管理机构每年对操作计划进行评估来确定该年是否履行合同。同时地方国家公园管理局每年对操作计划的执行进行监管，依据其表现，确定在执行期间是否需要中止合同。在合同到期后，还要对其合同期内的表现和未来的计划进行整体的考虑，来确定未来是否与其续约。

特许经营者的操作计划需要包含对于一系列的管理要求的反馈性内容。其中包含：产品质量要求、解说系统要求、产品经营定价要求、景观资源管理要求、环境管理要求、食品安全管理要求和金融管理要求等。

第四章

国家公园资源保护与利用

五、完善自然生态系统保护制度

（十四）健全严格保护管理制度。加强自然生态系统原真性、完整性保护，做好自然资源本底情况调查和生态系统监测，统筹制定各类资源的保护管理目标，着力维持生态服务功能，提高生态产品供给能力。生态系统修复坚持以自然恢复为主，生物措施和其他措施相结合。严格规划建设管控，除不损害生态系统的原住民生产生活设施改造和自然观光、科研、教育、旅游外，禁止其他开发建设活动。国家公园区域内不符合保护和规划要求的各类设施、工矿企业等逐步搬离，建立已设矿业权逐步退出机制。

（十五）实施差别化保护管理方式。编制国家公园总体规划及专项规划，合理确定国家公园空间布局，明确发展目标和任务，做好与相关规划的衔接。按照自然资源特征和管理目标，合理划定功能分区，实行差别化保护管理。重点保护区域内居民要逐步实施生态移民搬迁，集体土地在充分征求其所有权人、承包权人意见基础上，优先通过租赁、置换等方式规范流转，由国家公园管理机构统一管理。其他区域内居民根据实际情况，实施生态移民搬迁或实行相对集中居住，集体土地可通过合作协议等方式实现统一有效管理。探索协议保护等多元化保护模式。

（十六）完善责任追究制度。强化国家公园管理机构的自然生态系统保护主体责任，明确当地政府和相关部门的相应责任。严厉打击违法违规开发矿产资源或其他项目、偷排偷放污染物、偷捕盗猎野生动物等各类环境违法犯罪行为。严格落实考核问责制度，建立国家公园管理机构自然生态系统保护成效考核评估制度，全面实行环境保护"党政同责、一岗双责"，对领导干部实行自然资源资产离任审计和生态环境损害责任追究制。对违背国家公园保护管理要求、造成生态系统和资源环境严重破坏的要记录在案，依法依规严肃问责、终身追责。

4.1 国家公园资源保护与利用分区

4.1.1 分区目标

（1）确保国家公园代表性资源以及生态系统的完整性在空间上得到有效保护。

（2）统筹协调国家公园资源保护和资源利用的关系，将保护、科研、展示、游憩利用以及社区协调等方面的功能落实到空间，明确规定每一地块资源的保护目标和利用强度，按照不同保护程度和利用强度制定管理措施。

（3）根据保护对象的不同对保护用地进行更详细的分类，并落实相应的保护措施；根据不同的游憩方式对用地进行更详细的分类，并落实相应的设施建设管理措施和游客管理措施；根据社区资源价值和区位的不同，对社区及其生活生产用地进行更详细的分类，并落实相应的社区发展和管理措施。

（4）在空间上明确界定各类分区的用地范围，便于分类、分片管理和规划的分期实施，增强规划的可操作性。

4.1.2 分区原则

应依据国家公园所在地自然、社会和经济条件以及实际管理需要，按照自然资源的保护与利用强度差异性，科学合理划定功能分区。分区划定应遵循以下原则：

（1）保护生态系统的完整性。保护自然资源核心地带，确保足够的空间规模和完整的生态系统结构，兼顾地理、人文单元界限的完整性。

（2）科学处理保护与利用的关系。学术研究兼顾科普教育，并开展公益性的游憩活动；充分考虑国家公园内社区发展现状和人口规模分布，在保护优先的前提下，通过特许经营机制带动社区经济提升；探索国家公园管理的社会参与模式，促进资源利用的可持续性。

（3）便于保护管理的落实。相同分区的规划原则、主要功能、管理措施和成效特点应基本一致，确保国家公园建设的可操作性，减轻后续管理负担。

4.1.3 分区类型

国家公园的分区类型应体现国家公园在保护、科研、展示、游憩利用以及社区协调等方面的功能定位。根据国家公园资源特征和保护利用程度的不同，国家公园的分区类型可以包括严格保护区、生态保育区、游憩展示区、传统利用区。各国家公园应结合自身条件和功能定位，合理确定采用的分区数量；根据实际管理需要，还可以在分区大类下设置次级分区。例如，游憩展示区根据游憩体验类型可分为徒步探险区、步行观光区、机动车观光区、设施建设区等；传统利用区根据传统利用类型和强度可分为集体林利用区、传统放牧区、农田利用区、居民点建设区等。

严格保护区：生态系统保存最完整、核心资源集中分布、自然环境脆弱的地域，保护动植物资源、生态系统和生态过程处于自然演替状态。保护级别对应自然保护区的核心区和风景名胜区的特级保护区。

生态保育区：是严格保护区的生态屏障，维持较大面积的原生生态系统，生态敏感度较高，具有重要科学研究价值或其他存在价值的区域。保护或恢复其自然状态及演替过程。保护级别对应自然保护区的缓冲区和风景名胜区的一级保护区。

游憩展示区：能够可持续地展示具有代表性的和重要的自然生态系统、物种资源、自然遗迹、风景资源等的区域，承担国家公园内教育、展示、游憩等功能。保护级别对应自然保护区的实验区、风景名胜区的二级保护区和三级保护区。

传统利用区：国家公园成立前原有社区居民生产、生活的集中区域，对国家公园资源保护产生的影响在可接受的范围内，可作为社区参与国家公园服务和管理的主要场所，例如展示本地特有文化及遗存物。

4.1.4　分区管理措施

国家公园分区管理措施包括对活动、设施、土地利用 3 个对象的管理。其中活动分为访客活动、社会经济活动、科研活动 3 类；设施分为：资源监控设施、环境监控设施、游人监控设施、解说设施、道路交通设施、游览设施、行政管理设施、基础设施和其他设施共 9 类；土地利用参考国家土地利用标准进行分类。另外，根据分区管理目标设置分区管理指标和标准，对国家公园分区管理效果进行监测和调控。

严格保护区：原则上禁止任何单位和个人进入，从事科学研究活动须经过市级以上人民政府国家公园行政主管部门批准并得到国家公园管理机构的同意；禁止建设任何建筑物、构筑物、生产经营设施等，原有旅游开发项目逐步外迁。动植物资源和生态系统处于自然演替状态。

生态保育区：保护级别稍弱于严格保护，经国家公园管理机构批准后，相关人员可以进入从事科学研究、观测活动；只允许建设资源保护、科研监测类建筑物、构筑物、设施，现有与保护无关设施应有计划迁出。动植物资源和生态系统基本处于或趋向于自然演替状态，必要区域可适度人工干预。

游憩展示区：在满足环境承载力、不破坏自然资源的限制下，适度开展观光娱乐、游憩休闲、餐饮住宿等游览服务；分区内禁止大规模的建设开发，游览设施应尽量节地，并且新建建筑的格局和风貌应与自然环境相协调。

传统利用区：控制分区内游览设施和民居的建设规模及风貌；通过建立生态补偿机制、社区参与机制等方式强化社区居民的资源保护意识，引导其可持续利用自然资源，对传统生产经营活动规范化管理。

【国际借鉴】

国际上，国家公园分区规划思路的发展演变主要分为 3 个阶段：1930-1940 年代，基于保护生物学的"核心区—缓冲区"模式；1970-1980 年代，基于联合国教科文组织生物圈保护区的"核心区—缓冲区—过渡区（Core/Buffer Zone/Transition Zone）"模式；1980 年代至今，"综合资源保护和利用"模式——基于资源价值和敏感度、游客体验、现状条件等确定分区类型，以美国、加拿大为代表，一般根据资源保护强度和利用程度分 4~5 个分区大类，如有必要在大类下面再细分分区小类。我国国家公园功能分区建议采取"综合资源保护和开发利用"分区模式。

（1）美国国家公园分区系统

每个国家公园获得批准的总体管理规划中均包含管理分区地图，管理分区体现了公园内不同区域资源状况和游客体验情况的差异性。各个分区具有明确的功能定位和管理措施，对访客利用方式和设施建设类型提出了相应要求，是实现总体规划理想状态的重要支撑。

各国家公园分区系统包含（但不一定全部包含）以下 4 个类型：自然资源区、文化资源区、公园发展区、特殊使用区，大区之下还可以分别设置若干次区，以适应不同的资源特征。

（2）加拿大国家公园分区系统

加拿大国家公园分区系统包含 5 个类型，国家公园中的所有土地都被划定在某一类分区中。

①特别保护区（Ⅰ区）。包含独特的、受到威胁的自然或文化特征，或含有能代表本自然区域特征的最为典型的例证。不允许建设机动通道。排除任何公众进入。提供适当的、与场所隔离的展览使游客了解该区的特点。

②荒野区（Ⅱ区）。荒野区是能很好地表现该自然区域的特征，并

将被维持于荒野状态的广阔地带。允许最小限度的人类干扰。提供适当的户外游憩活动和少量的、最基本的服务设施。

③ 自然环境区（Ⅲ区）。此区作为自然环境来管理。通过向游人提供户外娱乐活动、必需的少量服务和简朴自然的设施，使其有机会体验公园的自然和文化遗产价值。允许存在有控制的机动通道，并首选有助于遗产欣赏的公共交通。

④ 户外游憩区（Ⅳ区）。户外游憩区的有限空间可以为游人提供广泛的机会来了解、欣赏和享受公园的遗产价值以及相应的服务和设施。对公园生态完整性的影响控制到最小的范围。该区的特征是有直达的机动交通工具。

⑤ 公园服务区（Ⅴ区）。国家公园内游客服务和支持设施的集中分布区。

【试点方案】

9 个国家公园试点方案中，除北京之外均按照自然资源的保护限制和利用强度进行功能分区，所依据的内在逻辑基本一致（表4-1）。云南香格里拉、湖南南山、湖北神农架、浙江钱江源、黑龙江伊春、吉林长白山方案都采用了"严格保护区、生态保育区、游憩展示区、传统利用区"4 级分区名称（湖南使用了公园游憩区）。其中，严格保护区面积占比方面，湖北神农架最高为 52%，云南香格里拉最低为 26.2%；如将严格保护区和生态保育区的面积相加计算，湖北神农架的占比仍最高为 93.8%，浙江钱江源的占比最低为 77.3%；游憩展示区面积占比方面，浙江钱江源最高为 6.27%，吉林长白山最低为 2.47%；传统利用区面积占比方面，青海玛多最高为 32.27%，第二高为浙江钱江源为 16.40%，黑龙江伊春最低为 1.51%。

国家公园体制试点区试点方案功能分区一览表　　　　　　　　表 4-1

试点方案	功能分区	分区面积（km²）	面积占比（%）
北京	长城文物保护范围	37.12	61.97
	长城周边建设控制地带	22.79	38.03
吉林长白山	严格保护区	1483.55	45.26
	生态保育区	1585.47	48.36

续表

试点方案	功能分区	分区面积（km²）	面积占比（%）
吉林长白山	游憩展示区	80.93	2.47
	传统利用区	128.05	3.91
黑龙江伊春	严格保护区	880.06	38.77
	生态保育区	1253.47	55.22
	游憩展示区	102.12	4.5%
	传统利用区	34.34	1.51
浙江钱江源	核心保护区	71.79	28.49
	生态保育区	123.08	48.84
	游憩展示区	15.80	6.27
	传统利用区	41.33	16.40
福建武夷山	特别保护区	424.07	43.16
	严格控制区	160.39	16.32
	生态修复区	365.44	37.19
	传统利用区	32.69	3.33
湖北神农架	严格保护区	608	52.0
	生态保育区	489	41.8
	游憩展示区	48	4.1
	传统利用区	25	2.1
湖南南山	严格保护区	213.64	33.59
	生态保育区	344.09	54.11
	公园游憩区	18.32	2.88
	传统利用区	59.89	9.42
云南香格里拉	严格保护区	157.93	26.2
	生态保育区	396.47	65.8
	游憩展示区	27.59	4.6
	传统利用区	20.11	3.4
青海玛多	特殊保护区	3644.36	19.9
	原野修复区	8757.52	47.83
	传统利用区	5908.75	32.27
	居住和游憩服务区	呈点状分布	

4.2　国家公园自然资源的保护管理

4.2.1　自然资源保护对象

国家公园自然资源保护对象包括以下6种类型：

（1）自然物理资源，包括水、大气、土壤、地形地貌、地质特征、化石资源、自然光景、自然声景和洁净天空；

（2）自然物理过程，包括气候、侵蚀、洞穴形成过程；

（3）生物资源，包括野生动物、野生植物及其栖息地；

（4）生态过程，包括光合作用、自然演替和进化；

（5）自然生态系统及其生物多样性；

（6）以及上述资源的高价值附属特征，即自然景观。

【国际借鉴】

部分国家和地区的国家公园自然资源保护对象：

（1）美国《Management Policies 2006》指出了国家公园将保护自然资源、流程、系统以及国家公园各组成部分的价值，并提出其构成部分包括：① 物理资源（比如水、空气、土壤、地貌、地质特征、古生物资源，和自然声景、晴朗的天空以及夜晚和白天）；② 物理过程（如天气、侵蚀、洞穴形成和荒地火灾）；③ 生物资源（原生植物、动物、群落）；④ 生物过程（如光合作用、演替和进化）；⑤ 生态系统；⑥ 高价值的相关特征（如风景）。

（2）加拿大《Canada National Parks Act》提出与自然相关的保护对象有：植物、土壤、水域、化石、自然特征、空气质量和动物。《Parks Canada Guide to Management Planning》中提到：保护对象包括自然资源与自然过程、生态结构与功能等。

（3）英国《National Park Management Plans Guidance》提出保护国家公园自然资源（如空气、生物多样性、土壤和水）的健康。

（4）澳大利亚《Environment Protection and Biodiversity Conservation Act 1999》中指出环境保护的对象包括世界遗产（包括国家遗产）、国际重要湿地、濒危物种和种群以及海洋环境，并提出了对生物多样性的保护。

（5）新西兰《General Policy for National Parks》提出保护对象包括：土著物种（Indigenous Species）、栖息地、生态系统与自然特征（Natural Features）。

（6）德国国家公园在德国自然保护地体系中最强调大尺度荒野保护，侧重对自然过程的保护，保护对象包括：风景、自然与近自然水域、土壤资源、生物多样性和生态系统，并鼓励恢复自然过程。

（7）日本《Natural Park Act》目标提到生态系统维护和恢复，以及对自然美景的保护。

【国内分析】

我国自然保护地自然资源保护对象：

我国目前有9种自然保护地类型：自然保护区、风景名胜区、森林公园、地质公园、水利风景区、湿地公园、城市湿地公园、海洋特别保护区、海洋公园。不同的自然保护地保护对象侧重点不同，但是尚未形成保护对象的框架体系。

（1）自然保护区——根据《中华人民共和国自然保护区条例》中第二条："本条例所称自然保护区，是指对有代表性的自然生态系统、珍稀濒危野生动植物物种的天然集中分区、有特殊意义的自然遗迹等保护对象所在的陆地、陆地水体或者海域，依法划出一定面积给予特殊保护和管理的区域"。《自然保护区类型与级别划分原则》中指出：根据自然保护区的主要保护对象，将其分为3个类别9个类型：自然生态系统类（森林生态系统类型、草原与草甸生态系统类型、荒漠生态系统类型、内陆湿地和水域生态系统类型、海洋和海岸生态系统类型），野生生物类（野生动物类型、野生植物类型），自然遗迹类（地质遗迹类型、古生物遗迹类型）。

（2）风景名胜区——《风景名胜区条例》第二条指出："本条例所称风景名胜区，是指具有观赏、文化或者科学价值，自然景观、人文景观比较集中，环境优美，可供人们游览或者进行科学、文化活动的区域。"第二十四条指出："风景名胜区内的居民和游览者应当保护风景名胜区的景物、水体、林草植被、野生动物和各项设施。"

（3）森林公园——《森林公园管理办法》第五条："森林公园经营管理机构对依法确定其管理的森林、林木、林地、野生动植物、水域、景点景物、各类设施等，享有经营管理权，其合法权益受法律保护，任何单位和个人不得侵犯。"《国家级森林公园管理办法》第五条："国家级森林公园的主体功能是保护森林风景资源和生物多样性、普及生态文化知识、开展森林生态旅游。"综上所述可以看出，森林公园的自然资源保护对象为：森林、林木、水域、风景和生物多样性。

（4）地质公园——《国家地质公园规划编制技术要求》中指出：

"地质公园担负三项任务：第一，保护地质遗迹，保护自然环境；第二……"《地质遗迹保护管理规定》第三条："本规定中所称地质遗迹，是指在地球演化的漫长地质历史时期，由于各种内外动力地质作用，形成、发展并遗留下来的珍贵的、不可再生的地质自然遗产。"

（5）水利风景区——《水利风景区管理办法》第三条："水利风景区是指以水域（水体）或水利工程为依托，具有一定规模和质量的风景资源与环境条件，可以开展观光、娱乐、休闲、度假或科学、文化、教育活动的区域。水利风景资源是指水域（水体）及相关联的岸地、岛屿、林草、建筑等能对人产生吸引力的自然景观和人文景观。水利风景区以培育生态，优化环境，保护资源，实现人与自然的和谐相处为目标，强调社会效益、环境效益和经济效益的有机统一。"

（6）湿地公园——《国家湿地公园管理办法（试行）》第二条："湿地公园是指以保护湿地生态系统、合理利用湿地资源为目的，可供开展湿地保护、恢复、宣传、教育、科研、监测、生态旅游等活动的特定区域。"第六条："具备下列条件的，可建立国家湿地公园：（一）湿地生态系统在全国或者区域范围内具有典型性；或者区域地位重要，湿地主体功能具有示范性；或者湿地生物多样性丰富；或者生物物种独特。（二）自然景观优美和（或者）具有较高历史文化价值。（三）具有重要或者特殊科学研究、宣传教育价值。"

（7）城市湿地公园——《城市湿地公园规划设计导则》中指出："本导则采用《湿地公约》关于湿地的定义，即湿地是指天然或人工、长久或暂时性的沼泽地、泥炭地或水域地带、静止或流动、淡水、半咸水、咸水体，包括低潮时水深不超过6m的海域。城市湿地公园是一种独特的公园类型，是指纳入城市绿地系统规划的、具有湿地的生态功能和典型特征的、以生态保护、科普教育、自然野趣和休闲游览为主要内容的公园。城市湿地公园与其他水景公园的区别，在于湿地公园强调了湿地生态系统的生态特性和基本功能的保护和展示，突出了湿地所特有的科普教育内容和自然文化属性。"

（8）海洋特别保护区——《海洋特别保护区管理办法》第二条："本办法所称海洋特别保护区，是指具有特殊地理条件、生态系统、生物与非生物资源及海洋开发利用特殊要求，需要采取有效的保护措施和科学的开发方式进行特殊管理的区域。"

4.2.2 自然资源保护管理原则

整体保护原则。自然资源的保护和管理首先是对其整体性的保护，即保护构成整个国家公园生态系统的各个组成部分与自然过程，包括自然丰富性、多样性、本地动植物物种遗传与生态的完整性，不厚此薄彼。除了对濒危物种外，不对单一物种或自然过程施行特殊保护。

减少干涉原则。只要自然资源和自然过程还处于相对原生的状态，就应该尽量减少人类对自然系统的干涉程度；对于灾害性自然过程，应该强调在进行人类干涉以前，首先考虑替代方案如关闭某一游览地区或为旅游活动和基础设施重新选择位置。

生态修复原则。在自然突变和人类活动影响下受到破坏的自然生态系统，尤其是严重破坏时，为使生态系统恢复到接近原生状态而采取的策略。修复自然系统的措施一般包括：迁出外来物种；拆除造成污染的非历史性建筑物和设施；对弃置矿井用地、废弃道路用地、过度放牧地进行地形与植被恢复；恢复自然水道和驳岸地自然状态；对由于管理活动、开发活动（如砍伐、取沙）造成破坏的地区进行地形和植被修复；修复自然声景；重新引入本地动植物物种等。

合作保护原则。国家公园管理机构必须尽可能地与地方政府、相关部门等利益相关方进行合作，通过签署协议的方式，来维持和保护国家公园的资源及价值，从而更为有效地保护国家公园边界内外的自然系统的完整性。

【国内分析】

我国自然保护地自然资源保护面临问题：

问题一：保护与利用的矛盾突出。随着旅游市场快速发展，游客规模的扩张，以及保护区社区社会经济日益增长的发展需求，各自然保护地自然资源的保护与利用矛盾突出。例如，牧区人口成倍增长，北方干旱草原区人口密度达到 11.2 人 $/km^2$，为国际公认的干旱草原区生态容量 5 人 $/km^2$ 的 2.2 倍。野生中药材资源需求量大，一些物种由于被长期过度利用，导致野生资源量下降。

问题二：保护方式或手段落后。近几年的生态保护虽然取得了一定的成效，但是往往是建立在大量人力物力浪费的基础之上。很多现代化的方法和手段没能够及时地运用到自然资源的保护中。自然资源生态保护手段以及方法落后于自然资源破坏的步伐。这个问题主要因为我国经济社会发展仍然滞后于发达国家，但在同时也反映出我国生态保护意识的薄弱和淡化。

问题三：经费投入不足（以自然保护区为例）。从设立自然保护区起到 20 世纪末，我国自然保护区普遍处于入不敷出的境地。尽管进入新世纪后，国家重视了生态保护资金的投入力度，如 2010 年安排了 1.5 亿专项资金支持自然保护区的建设，但是还是远远低于世界平均水平。据有关统计表明，世界平均水平是每平方公里每年支出为 893 美元（按照1996 年美元计算），其中发达国家为 2058 美元，发展中国家为 157 美元，在最贫困的非洲也达到了 200 美元。显然，我国自然保护区资金投入不仅低于世界平均水平，也低于发展中国家平均水平。生态保护的资金不足，将直接导致自然保护区的基础设施不完善、管理机制不健全、管理人员积极性不高等问题[1]。

问题四：科学研究相对滞后。由于长期以来投入不足，专业人才和技术储备欠缺，自然资源保护的实用技术和模式等相关领域的研究十分薄弱，许多新问题、新技术有待深入探索。

问题五：自然保护的法律与管理体制不健全。自然保护的法律制度不完善是当前存在的重要问题。管理体制方面的问题主要涉及两个大的方面：一是全民所有的自然资源所有权行使不到位，责权不清，实际的行使权都在省级及以下人民政府；二是自然资源监管权分部门行使造成的管理目标不一致和交叉问题。还有综合管理部门与自然资源监管部门职能交叉等问题。

4.2.3　自然资源价值类型与识别方法

国家公园自然资源的价值类型可借鉴世界自然遗产价值识别的 4 条标准，分别对应自然美、地质地貌、生态系统及生态过程、生物多样性及栖息地。

标准 1：绝妙的自然现象或杰出的自然美和美学重要性的区域；

标准 2：地球演化史中重要阶段的突出例证，包括生命记载、地貌演变中重要的持续进行的地质过程，或显著的地质或地貌特征；

标准 3：代表着在陆地、淡水、沿海和海洋生态系统以及动植物群落演变和发展中的重要的持续的生态和生物过程的杰出例子；

标准 4：包含对于生物多样性保护最重要和最有意义的自然栖息地，包括在科学或保护的意义方面具有突出普遍价值的濒危物种。

国家公园自然资源价值的识别方法强调多学科参与、公众参与和比较研究。多学科参与旨在集合各相关领域学者的力量，更加准确地认识价值；公众参与强调将各方面利益相关者的意见全面完整地纳入其中；比较研究主要是研究价值的突出性与普遍性，研究突出性需要将同类型的区域对其特征、价值等方面进行分析比较，研究普遍性主要考虑这些价值是地方的、地区的还是全人类的。

1　郭宇航，包庆德．新西兰的国家公园制度及其借鉴价值研究 [J]．鄱阳湖学刊，2013，04: 25-41.

4.2.4 自然资源评估

自然资源评估包括资源重要性、敏感度和干扰度 3 个方面，评估结果是资源分类保护和分区保护的重要依据。重要性评估是指国家公园不同区域不同类型的资源相对重要性的高低，以及对整体价值贡献的大小。敏感度评估是指资源受到特定干扰后的受破坏程度及恢复能力的评估。干扰度评估是指国家公园不同区域已经发生的干扰程度的评价。资源越重要、越敏感而现状干扰度越低的区域，是最需要严格保护的区域。

4.2.5 自然资源分类保护

针对不同类型的自然资源，制定不同的保护方法。

地质类资源：识别并尽可能避免易破坏地质类资源的因素；禁止或尽可能避免大规模的岩土移除，大规模的挖掘或建设（采石场、露天坑）等。

生物及栖息地：保护和恢复原生动植物种群、群落和生态系统的自然丰度、多样性、动态、分布、栖息地和自然过程；恢复本地曾经被人为移除的植物和动物种群；减少对本地植物、动物种群、群落、生态系统的影响；将不可避免的影响最小化。

自然生态系统的保护：根据自然生态系统保护的完整性及其分布的代表性，划定保护范围，开展定期监测和评估，对相关人类活动和设施建设等采取有针对性的控制措施。

生态系统恢复：根据国家公园内生态受损退化的状况，划分出生态恢复的区域，确定生态恢复类型，编制生态恢复实施方案，根据需要采取封禁方式进行自然恢复或进行人工辅助恢复。生态恢复实施方案须经有关专家论证。生态恢复工程实施后，定期开展生态恢复评价，根据评价结果，调整优化生态恢复方案。

4.2.6 资源监测

完善资源监测—评估—反馈流程：（1）明确监测项目与指标系统；（2）分类开展监测；（3）监测数据统一收集、资料存档；（4）监测数据深入分析；（5）制定综合监测报告，部分成果公开并反馈至保护管理和决策部门。

构建资源监测科学并持续开展的保障体系，包括资金、机构、人员、法律法规依据等。

加强与第三方科研机构的长期联系，充分利用外部人力和技术资源，对监测项目进行监测和分析，并对监测项目与指标提出完善建议。

加强监测信息和分析反馈信息的公开化，通过国家公园网站定期进行发布。

完善监测指标体系的科学性和系统性，并与国家公园价值及其保护管理目标相一致。指标体系应包括非生物要素及过程、生物要素及过程、风景资源、人类活动影响 4 类。

【学者观点】

指标体系应包括非生物要素及过程、生物要素及过程、风景资源、人类活动影响 4 类。其中，非生物要素及过程监测包含环境质量监测、非生物过程监测和环境安全监测共 3 个大类，9 个小类：环境质量监测包括大气环境质量、声学环境质量和地表水环境质量；非生物过程监测包括气候气象、地质过程、土壤过程和水文过程；环境安全监测包括火险监测和自然灾害与环境事件管理监测。

生物要素和过程监测包含物种多样性监测、种群多样性监测、生态系统多样性监测、生态安全监测和生物过程监测共 5 个大类。

风景资源监测应建立以场景为监测对象的风景资源监测体系。根据场景观赏视域，将场景分为宏观、中观、微观三个层次，分类对应不同的监测指标。

人类活动影响监测包括社区可持续发展监测、旅游管理监测、应急管理监测、解说教育监测、管理能力监测共 5 个大类。

4.2.7　科学研究

建立国家公园自身的科研机构，作为国家公园直接管理和运行的科学研究机构。在编制有限的情况下，国家公园科研人员规模受到限制，但应负责科研工作的规划编制，以及与相关科研机构的合作。

建立开放式科研运行机制，搭建对外合作科研平台，吸引社会科研力量，加强与国内外知名高校、科研院所、非政府组织的科研合作；鼓励与周边保护地建立科研合作伙伴关系，制定以区域生态保护和发展为目标的科研课题。

建立健全科研管理制度，包括经费专项使用制度、仪器设备使用制度、安全与资料管理制度、鉴定评审验收制度等。

制定系统的科研课题框架，形成"总课题—课题—子课题"体系，便于科研成果逐层展开、逐级汇总，为国家公园的保护、利用与管理提供多层级、多方面的科学理论与技术依据；课题内容应遵循平衡原则，平衡遗产地保护与利用类课题数量，包括价值、访客、社区等，有利于促进遗产地保护和利用之间的平衡；空间尺度上，子课题应当覆盖区域和遗产地两个层面；时间尺度上，子课题应当覆盖历史、现状、趋势预测等多个层面。

形成科研档案，包括科研计划、规划、报告、总结，各种科研论文、专著；各种科研记录和原始材料，科研合同及协议，科研人员的个人工作总结材料等内容。

加强科研信息服务和公开化，加强公园网站建设；通过公园解说系统、科普宣传周及环境志愿者等推广方式，发挥国民环境教育功能。

丰富科研经费来源、优化科研经费结构；建立固定科研基金，作为科研基本保障；国家经费、社会基金和国际基金作为补充经费，共同构成稳定的科研经费结构，保障科研的长期进行。

4.2.8　气候变化应对策略

以科学研究指导应对气候变化。加强与科学研究机构的联系与合作，启动系统的应对气候变化的项目；对国家公园体系中的单元建立完整的生态资料库与监测分析程序，加强国家公园气候变化的研究，运用科学技术手段预测气候变化带来的动植物及生态系统的冲击，拟订最佳应对方案。

以环境解说理念开展环保教育。在国家公园中采用环境解说的理念科普气候变化的影响，将正确的环保观念进行普及，鼓励环保行为，有助于减少温室气体排放，减少固体废弃物的产生，减缓全球气候变化。

以低碳旅游理念引导管理运营。将国家公园各项活动所造成的气候影响降至最低，包括在旅游基础设施建设方面强调绿色、节能建材的使用，制定科学合理的国家公园环境容量等。

【国际借鉴】

（1）气候变化对美国黄石国家公园的影响

美国是最早研究全球气候变化的国家之一，也很早围绕气候变化对大黄石生态系统的影响展开研究[1]。

大黄石生态系统横跨美国怀俄明、蒙大拿和爱达荷三州，由2个国家公园（黄石国家公园和大提顿国家公园）、5个国家森林地、3个国家野生动物保护区、3个印第安原住民保护区以及州立土地、私人土地和部落用地组成，其中，黄石国家公园是其核心部分。为研究气候变化对大黄石生态系统的影响，国家公园管理局同研究机构、其他组织密切合作，对可能反映气候变化的因子展开监测。在黄石国家公园，这些因子包括

1　邓贵平．气候变化对国家公园的影响 [N]．中国旅游报．2015-12-21（C02）．

白皮松、积雪、植物变绿和野生动物。另外，国家公园管理局大黄石监测记录网络同落基山和上哥伦比亚盆地网络合作实施"高海拔气候变化响应战略"。研究发现，全球气候正在发生变化，而且已经影响到大黄石生态系统。

1900 年以来，大黄石地区年平均气温已经增长 1.1 华氏度 /100 年，夜间年平均最低温度增长 1.5 华氏度 /100 年，白天年平均最高温度增长 0.7 华氏度 /100 年。据全球气候模型预测，大黄石地区的温度将持续上升。到 2100 年，气温将从 2.7 摄氏度增长到 5.7 摄氏度（相对于 1980 年—2005 年）。相比于气温，降水变化较小，自 1900 年仅 9.3mm/100 年的增长。1940 年以前相对干旱，1940 年后相对湿润。

气候变化既会影响积雪厚度又会影响春雪融化速度，而高山积雪融水对淡水湖、溪流、湿地水量和水质都至关重要。相比 1900 年，积雪已减少 20%。仿真显示，由于温度升高，到 2100 年，积雪可能减少 30% ~ 40%，春夏两季减少更显著。

气候变化对大黄石地区的水资源影响深远，包括水温、水文单元汛期早晚和持续时长、物种多样性、食物网等。仿真显示，到 2050 年，溪流温度将增长 0.8 摄氏度，而从 2050 年—2069 年又将增长 1.8 摄氏度。高海拔地区的黄石山鳟生长会更快，而低海拔地区的山鳟在 6~8 月间生长速度却会下降 23%。

虽然黄石国家公园的湿地很少，而且湿地之间相距较远，但也受到气候变化的影响。黄石国家公园的湿地主要由一些小湖和池塘构成，而这些小湖和池塘正在萎缩。由于降水和积雪持续减少，将进一步降低地表水和地下水的水位，使黄石湿地面积变得更小，科学家也不清楚需要多少地下水补给才能恢复。随着湿地萎缩，莎草、灯芯草和其他亲水植物将失去生境，一些两栖动物和鸟类生境也会减少。

气候变化更易发生森林病虫害。由于气候变化，病原体分布区域发生变化，这会导致非本地的白皮松疱锈病增加和本地山地松甲虫灾害暴发的频度和强度增大。大黄石网络开展 2004 年—2007 年的调查显示，被调查的 4000 棵树中 20% 感染了疱锈病。当 2008 年—2011 年再次调查时，20% 已经死去，包括大树中的 60%。到 2013 年，所监测的 5000 多棵树中死了 1410 棵，包括直径大于 10cm 的大树中的 70%。松树保护自己免受甲虫伤害是通过渗出树液来捕获甲虫或防止它们在树上定居。但在干旱时期，树木没办法生产足够多的树液去保护自己，因此容易遭受虫害。

科学家还预计气候变化将改变黄石引火区，使艾草草原和低海拔林地的外来入侵物种增加，而狼獾、猞猁和鼠兔在公园内的栖息地将失去等问题，他们还在进一步监测和研究。气候变化非常复杂，生态系统各要素又相互作用、相互影响，因此，研究气候变化对国家公园的影响比较难，而国家公园管理者应对气候变化更难。美国国家公园管理局局长Jon Jarvis 说，"受气候快速变化影响，为保护有限土地管理边界内的物种、生物群落和自然资源的管理对策非常复杂和史无前例"。

（2）美国黄石国家公园气候变化应对项目

2009 年开始，美国国家公园管理局启动了气候变化应对项目（Climate Change Response Program），该项目以促进交流、提供科学的信息来指导国家公园管理工作为目的，以应对全球气候变化带来的不利影响。

气候变化应对项目重点围绕 4 个方面：

① 科学（Science）：用科学帮助国家公园管理气候变化。国家公园管理局有大批的科学家从事气候变化对国家公园的影响研究，可以帮助国家公园实时了解和评估不利影响。同时，国家公园管理局还与科研机构和院校有着密切的联系与合作。科学知识将用于解决国家公园管理者及合作者在应对气候变化影响挑战时面对的具体问题。

② 适应（Adapting）：适应不确定的未来。国家公园管理局在面对变化及不确定的未来时需要保持灵活的策略以适应这种不确定性。新的科学发展可能也会带来对原有技术方案的重新评估和改进用以应对气候变化。

③ 减缓（Mitigating）：减少碳足迹。减少气候变化长期影响的最有效的途径就是减少温室气体的排放。国家公园管理局致力于通过高效节能、综合的气候友善实践等方式来减少碳足迹。

④ 宣讲（Communicating）：宣讲气候变化的相关知识。将气候变化对国家公园的影响内容纳入解说系统中，宣传环保行为。国家公园管理局也通过三年行动计划（Climate Change Action Plan 2012-2014）等方式落实国家公园应对气候变化影响的实施步骤与技术，从宏观策略与具体实施步骤两个方面积极应对气候变化带来的影响。

4.3 国家公园访客管理

4.3.1 访客类型

国家公园的功能，除了应保护具有国家代表意义的自然、文化资源外，还应当具有一定的公众可进入性，可以激发公众的民族自豪感和国家认同感，能够提供公益性的国民教育和游憩机会，同时应当为专业的科学研究提供机会。

基于上述功能认识，国家公园的访客类别有游客、志愿者、旅游企业、非政府组织、当地社区和原住民、教育机构和研究团体、媒体等利益相

关者。其中，游客、旅游经营者、到访国家公园的当地社区居民是国家
公园访客管理的主要利益相关者。

【国际借鉴】

世界各国国家公园的功能定位中，对于公众进入和访客，均有相关
论述。

美国的国家公园政策（National Park Service Management Policy，
2006）指出，国家公园作为自然、文化和具有欣赏价值的资源，应当具
有国家意义，符合的标准之一是"它为游览、公众使用、欣赏或科学研
究可提供最多的机会（It offers superlative opportunities for public enjoyment
or for scientific study.）"[1]。

英国的国家公园和乡村法令（National Parks and Access to the
Countryside Act，1949）中指出国家公园应该"为公众理解和欣赏公园特
殊品质提供机会（To promote opportunities for the public understanding and
enjoyment of these special qualities.）"[2]。

新西兰国家公园法（National Park Act，1980）中的国家公园原则之
一就是"公园保持为自然状态，公众有权进入（Parks to be maintained in
natural state，and public to have right of entry.）"[3]。

澳大利亚国家公园体系中，联邦政府定义国家公园为"为保护生态
过程的多样性，以及物种和生态系统的完整性而划定的自然或近自然的
区域。该区域还作为人类精神、科学、教育、游憩和参观的场所"。南
威尔士地区定义国家公园为"为保护未受破坏的景观和本土动植物设置
的地区，为保护和公众娱乐而设置，通常提供游客设施（These are areas
protected for their unspoiled landscapes and native plants and animals. They
are set aside for conservation and public enjoyment，and usually offer visitor
facilities.）"。

世界自然保护联盟（IUCN）将国家公园定义为"大面积自然或近
自然区域，用以保护大尺度生态过程以及这一区域的物种和生态系统特
征，同时提供与其环境和文化相容的精神的、科学的、教育的、休闲的
和游憩的机会"。

4.3.2　访客管理框架

国家公园访客管理内容应包括访客容量／游憩承载力、访客预约制
度、游憩体验机会、访客行为管理引导、访客安全与应急机制、游憩费用、
对弱势群体的关注、访客反馈等。

1　根据美国《National Park Service Management
　　Policy，2006》相关内容翻译。

2　根据英国《National Parks and Access to
　　the Countryside Act，1949》相关内容翻译。

3　根据新西兰《National Park Act，1980》
　　相关内容翻译。

国家公园访客管理应遵循的基本原则：访客体验组织应突出公园资源价值与特征的展示；访客体验组织应与生态多样性、文化完整性维护相协调，做到游憩负面影响最小化，可控性和管理的可预测性；在法律框架下进行游憩服务和经营的市场化管理；保障访客管理措施的可操作性；保障国家公园管理方与访客、相关机构、非政府组织的信息畅通。

国家公园主管部门应当提供国家公园访客指南编写的规范和标准。每个国家公园应当建立完备的访客管理体系，并且结合各自的环境教育和解说需求，形成各自的访客指南手册。

【国内分析】

我国自然保护地类型多样，但是访客类型以游客为绝对主体。我国目前各自然保护地关于访客管理的对象方面，主要关注游客管理。在各类自然保护地的规范、条例、标准等中，涉及游客管理的内容通常有游客容量、游憩区划、游憩活动及路线、游客禁止行为、游客监测及安全等。

我国自然保护地的游客管理现状问题，大致可归纳为：过分追逐旅游经济利益，游客体验组织和营造缺乏对国家认同感和民族自豪感的强调；访客管理的相关立法不足、执行力度不够；利益相关方未实现公平的话语权、参与权；访客管理的反馈机制欠缺；游客管理在实施中没有成熟的可依赖的科学体系；缺乏人性化的间接访客管理措施；管理队伍建设机制不健全等。

【试点方案】

《建立国家公园体制试点方案》（发改社会〔2015〕171号）和《国家公园体制试点区试点实施方案大纲》中对游憩管理部分，要求各试点明确试点区的经济发展现状及旅游业方面存在的问题，提供试点区旅游发展现状图。同时在"日常管理机制"中拟制定旅游游憩管理机制、门票预约制度与价格机制、游客容量控制与行为引导机制。

在北京市、吉林省、黑龙江省、浙江省、福建省、湖北省、湖南省、云南省、青海省的9个试点方案中，访客管理涉及的相关内容和理念如下：

（1）游客容量：依据环境容量定量，依靠门票预约调控容量；

（2）游客行为引导机制：以教育为主，明确禁止行为，完善引导设施；

（3）门票预约与价格：完善预约系统，门票价格体现公益性，实现差额管理；

（4）游客投诉机制：提供多样投诉方式，完善投诉处理程序与预案；

（5）游客安全机制：加强安全教育，完善安全设施，建立应急救援机制；

（6）游憩活动及环境影响评价：资源监测的同时注重游人活动的影响；

（7）游憩相关规划、标准：各试点对游憩管理的侧重不同；

（8）功能分区中游客管理相关部分：利用面积尽可能控制在最小范围内；

（9）游憩体验类型：在生态旅游的笼统概念之下，明确自身特色。

各方案依据现状和管理经验，都有各自的优点；同时，在国家公园体制建设的道路上，9个试点区都是摸着石头过河，访客管理方面各自也存在一些问题。例如，未注重游客投诉与安全机制；未说明游憩活动的环境影响监测等。

【国际借鉴】

不同国家公园的访客管理内容存在较大的差异，出现了不同类型的访客管理框架。如美国林务局20世纪80年代开始应用的游憩机会谱（Recreational Opportunity Spectrum，ROS），20世纪90年代美国林务局开始使用的可接受改变极限（Limits of Acceptable Changes，LAC）、美国国家公园局的访客影响管理（Visitor Impact Management Model，VIMM）、加拿大国家公园局的访客行为管理过程（Visitor Activity Management Progress，VAMP），90年代后期澳大利亚开始应用的旅游管理优化模型（Tourism Optimization Management Model，TOMM）等，差异化的访客管理思想在各国探索。不论何种访客管理模式，均应追求使访客体验品质最大化，同时支持该区域的总体管理目标的实现。

美国国家公园管理局颁布的《美国国家公园管理政策》（National Park Service Management Policy，2006）认为让美国公民享受到国家公园的资源和价值是建园的基本宗旨之一，管理局应达到的目标是：为公园内能展示非凡的自然、文化资源的游憩形式提供机会；听取地方、州、部落和其他联邦机构，私人产业，非政府组织的建议，满足更多元的游憩需要和需求。

4.3.3　访客容量 / 游憩承载力

从狭义上讲，国家公园访客容量是指，在可持续发展的前提下，在某一段时间内、一定空间内所能容纳的访客数量。从广义上讲，国家公园游憩承载力是指，在可持续发展的前提下，国家公园在某一段时间内，其自然环境、人工环境和社会环境所能够承受的旅游及相关活动在规模、强度、速度上各极限值的最小值。国家公园应采取各种措施，使访客规模、利用强度和利用速度在访客容量/游憩承载力的范围内。

【国内分析】

国家公园内的资源宝贵且有限，由于访客的游憩活动带来人口拥挤、景观质量降低、动植物生境破坏以及访客的游憩满意度下降等问题，自然保护地游憩承载力问题越来越受到关注。国内自然保护地较为关注景区访客容量，风景名胜区、森林公园、地质公园、水利风景区、湿地公园均有相关规范、条例、标准对访客容量进行了规定。访客容量测算目前多以空间容量即线路法、面积法、卡口法为主。其中，《风景名胜区规划规范》《旅游规划通则》（GB/T 18971-2003）对访客容量进行了较为详细的规定。近年来生态足迹测算方法以及可接受改变极限（Limits of Acceptable Changes，LAC）方法为访客容量决策提供了新的思路。

【国际借鉴】

（1）承载力概念

承载力的概念，最初是借用牧业管理的方法，在牧业管理中，承载力是指没有破坏资源的基础上，于一定的土地单元上放养牲畜的最大数量。在管理国家公园时，承载力转变为访客的最大数量，超过这个限度将不能保持游憩质量。目前，游憩承载力的研究包括生态承载力、物理承载力、设施承载力、经济承载力、社会承载力等。环境承载力的研究最初是满足游憩区域的管理者需要，他们期望在资源保护的基础上为旅游者提供高质量的旅游经历。20世纪90年代，随着对旅游可持续发展的深入理解，游憩承载力已经从人数限制的单一方面的研究，扩展到环境、经济、社会、文化以及心理等多层次承载力研究，以此综合探讨国家公园的管理框架，如可接受改变极限（Limits of Acceptable Changes，LAC）、游憩机会谱（Recreational Opportunity Spectrum，ROS）、游客体验和资源保护框架（Visitor Experience and Resource Protection，VERP）。

（2）可接受改变极限

"可接受的改变极限（Limits of Acceptable Changes）"这一用语是由一位名叫佛里赛（Frissell，1963）的学生于1963年在他的硕士学位论文中提出来的。佛里赛认为，如果允许一个地区开展旅游活动，那么资源状况下降就是不可避免的，也是必须接受的。关键是要为可容忍的环境改变设定一个极限，当一个地区的资源状况到达预先设定的极限值时，必须采取措施，以阻止进一步的环境变化。1972 年这一概念经佛里赛和史迪科进一步发展，提出不仅应对自然资源的生态环境状况设定极限，还要为游客的体验水准设定极限，同时建议将它作为解决环境容量问题的一个替选方法。1984 年 10 月史迪科等发表了题为《可接受改变的极限：管理鲍勃马苏荒野地的新思路》的论文，第一次提出了 LAC 的框架。1985 年 1 月，美国国家林业局出版了题为《荒野地规划中的可接受改变理论》的报告，这一报告更为系统地提出了 LAC 的理论框架和实施方法。运用 LAC 理论可以解决资源保护和游憩体验之间的矛盾，其步骤如下[1]：

　　① 确认研究区域的价值及关注问题；

　　② 明确、描述游憩机会级别及区域；

　　③ 选取资源和社会条件的指标；

　　④ 列出现有资源和社会条件；

　　⑤ 明确每一项游憩机会级别的资源和社会指标标准；

　　⑥ 确认可选择机会级别的分配；

　　⑦ 对每一项可选择的机会确认管理行动；

　　⑧ 对每一项可选机会进行评估和筛选；

　　⑨ 执行管理操作和检测条件。

　　资料来源：《可接受的改变极限：国家保护地管理框架：来自美国的经验，1996》（Limits of Acceptable Change： A Framework for Managing National Protected Areas： Experiences from the United States，1996）

4.3.4　访客预约制度

　　国家公园应当建立入园预约机制，以便更加有效的保护资源与环境，合理控制访客数量，提高访客游憩质量，提高园区运营效率，减少管理成本，避免管理混乱。国家公园管理者鼓励访客进行网络预约，并且提前告知管理者交通方式和游憩时间。同时，国家公园也鼓励访客对露营地和其他游憩设施进行提前预订。

4.3.5　游憩体验机会

　　每一个国家公园内部的不同区域，都存在着不同的生物物理特征、不同的利用程度、不同的旅游和其他人类活动的痕迹，以及不同的游客体验需求。游憩体验机会种类用来描述国家公园范围内的不同区域所要

1　杨锐 . 从游客环境容量到 LAC 理论——环境容量概念的新发展 [J]. 旅游学刊, 2003(5): 62-65.

维持的不同的资源状况、社会状况和管理状况。游憩机会的提供必须与国家公园的目标相一致，不能成为破坏国家公园资源的借口[1]。

根据访客对国家公园价值感知的难易程度、体力要求、舒适度及耗费时间等，将游憩机会分为低强度游憩机会、中强度游憩机会和高强度游憩机会。

（1）低强度游憩机会：对国家公园内极易感知的价值进行体验设置，对游憩设施进行充分的环境影响评价。通常适合各种类别的访客群体，要配套充分的解说教育。体验的舒适度较好，耗费时间依据具体的体验项目而定。

（2）中强度游憩机会：对国家公园内较易感知的价值进行体验设置，对游憩设施进行严格的环境影响评价，并且充分考核特许经营者的资质。通常适合多数访客群体，对访客的体力、经验有相应的要求。体验的舒适度一般，耗费时间依据具体的体验项目而定。

（3）高强度游憩机会：对国家公园内难以感知的价值进行体验设置，对游憩设施进行严格的环境影响评价，并且严格考核特许经营者的资质。通常适合极少数访客群体，对访客的体力、经验有较高的要求。体验的舒适度较差，较为耗费时间。

具体游憩机会类型见表4-2。

游憩机会分类 表4-2

类别	游憩机会
低强度	观光风景、观察动物、观察鸟类、摄影、野餐、观赏戏剧、民俗手工、村寨体验
中强度	徒步、划船、滑沙滑草、骑马、宿营、宗教仪式、听经禅修、绘画写生、观察星空
高强度	影视拍摄、雪地摩托、直升机、极限运动、探险、科研

【国际借鉴】

1982年，美国国家林业局出版了《游憩机会谱使用者指南》，为游憩机会谱的具体实施提出了指导性框架（表4-3），在国际上产生了巨大影响。

1 杨锐. 从游客环境容量到LAC理论——环境容量概念的新发展[J]. 旅游学刊. 2003(5): 62-65.

游憩机会谱　　　　　　　　　　　　　　　　　　　　　　　　　　　表 4-3

土地类型 （美国国家林业局）	描　述 （美国国家林业局）
原始区域	未经人工改造的自然环境 人类使用的迹象最少 建设好的道路数量最少，管理行动最少 与其他使用者的接触水平非常低 禁止机动车辆的使用 面积大于 500 英亩（约 2km²） 对游客的限制和控制最小
半原始且无机动车辆使用区域	绝大部分都是自然的环境，只有不明显的人工改造 面积由中到大（大于 1500 英亩约 6km²） 其他使用者的迹象普遍 游客相互接触水平低 对游客的控制和限制最小 禁止机动车辆进入，但可能有道路
半原始且允许机动车辆使用的区域	绝大部分都是自然的环境 面积由中到大（大于 1500 英亩约 6km²） 其他使用者的迹象经常出现 对游客的控制和限制最小 低标准的，自然式铺装的道路和小径 一些游憩者使用的路径允许机动车辆通过
通道路的自然区域	绝大部分都是自然的环境，经过中度的人工改造 没有最小面积的限制 游客间相互接触水平由中等到高等 其他使用者的迹象普遍 设计和建造设施，允许机动车辆使用
乡村区域	由于人类的发展或者植物耕作环境已经在很大程度上被改变 人类的声音和影响普遍 没有最小面积限制 游客相互接触水平由中等到高等 为数量众多的人群和特定活动设计设施 机动车辆的使用密度高，并提供停车场
城市区域	环境中人类建造物占主导地位 植被通常是外来物种并经过人工修剪 没有最小面积限制 到处充斥人类的声音和影响 使用者数量众多 建造设施以供高密度的机动车辆使用，并提供停车场，同时为大众运输提供设施

资料来源：ROS Users Guide，1982。

4.3.6　访客行为管理与引导

国家公园管理者应当保护公园资源及其价值，确保访客安全和体验质量，避免游憩活动造成不可更改的影响。因此有必要对访客行为进行管理和引导。

针对不同游憩区划及游憩活动，应明确访客鼓励行为、访客一般活动行为、访客禁止行为，以及相应的访客行为奖惩办法。游憩活动管理应当对特殊游憩设施及活动进行规定，如个人飞机使用、非公路自行车使用、滑翔运动、非公路车辆使用、个人船舶使用以及雪地摩托等。

建立每项游憩活动的环境监测指标，并依据公园的地域性和特殊性进行指标的适当调整；在这些游憩活动或设施使用前，应当制定国家公园内的使用规范；应监控新的或变化着的游憩活动和使用模式的趋势，并评估它们对公园资源的潜在影响；一项新形式的游憩活动，只有公园负责人确定其合理性且不会造成不可接受的影响后，才能批准在公园内开展。

国家公园的访客行为管理要针对国家公园的资源和环境特性，结合游憩活动引导和环境教育解说，进行相应的访客行为管理和引导。访客行为管理和引导措施形式多样，包括：（1）通过教育活动向游客传授低影响的游览技巧，比如如何在不打扰野生动物的情况下观赏；（2）通过讲解活动告诉游客要尊重和保护国家公园的资源；（3）对某些类型的游客提高或降低费用；（4）限制开放时间，比如在很早的时间对鸟类观赏者开放或提前关闭以组织其他游客；（5）提供或不提供基础设施；（6）通过规章制度强制禁止进行某一活动。

【国际借鉴】

通过《美国国家公园管理政策》，美国国家公园管理局鼓励访客进行如下活动：

（1）符合国家公园设立宗旨的活动；

（2）具有启发、教育、保健功能的活动，以及利于公园环境的活动；

（3）有助于理解和欣赏公园资源、价值的活动，或者可与公园资源结合、互动、联系的游憩活动；

（4）可持续性，但是不会给公园资源、价值造成不可接受影响的活动。

同时，美国国家公园管理局不允许访客开展下列活动：

（1）有损于公园价值或资源的活动；

（2）阻碍实现公园对于自然和文化资源规划愿景的活动；

（3）给其他访客和公园职工带来不安全、不健康氛围的活动；

（4）减少当代或后代享受、了解公园资源或从中获得启发机会的活动；

（5）对如下方面造成不合理干扰的活动：如公园的项目或活动；其适当的公园利用活动；平静氛围或荒野中的天然声景以及公园内的自然、历史或纪念性场所；公园管理局特许经营者或承包者的运营或服务等[1]。

<hr>

1　依据美国国家公园局《Management Policies 2006》相关内容翻译整理。

4.3.7　访客安全及应急机制

国家公园的管理者应当秉持"拯救人类的生命高于一切"的基本原则，努力保护访客安全并提供应急服务，为访客提供安全健康的环境。管理者应当对威胁访客安全及健康的因素进行预估，并提前告知访客进行预防。某些游憩活动属于高风险活动，公园管理者和访客不能对其存在的风险因素进行完全控制，管理者应当对访客进行讲解及警告。游憩设施要考虑安全要素，如完善人工照明设施，设置警示标志，安装护栏、围栏，多国语言对照标识等。国家公园提供的服务方面，应当及时进行天气预报和恶劣天气警报，启动搜救机制，提供紧急援助，警告具有潜在危险的动植物，封闭有安全隐患的道路及小径等。

国家公园应当建立一套应急程序，旨在为访客、管理者的人身财产安全提供保障，同时尽力保护公园内的资源与环境。该程序应当提供系统的方法提醒访客潜在的灾害，告知访客疏散和搜救等方法。该程序包括：（1）明确国家公园层次的紧急救援级别，为公园管理者提供应对原则；（2）结合相应法律，建立国家公园紧急事故管理体系，并划定相应标准；（3）明确如何与国家公园以外的部门进行联合反应、应急救援等。

4.3.8　访客费用

结合相关法律及物价部门的规定，国家公园对访客入园进行一定的费用收取，以补偿部分公园的管理成本，包括资源保护管理、游憩设施维护、信息系统建设、环境教育及解说队伍建设等所投入的成本。针对特殊游憩活动及游憩设施，应当结合环境影响评价，对活动项目进行合理定价。同时，针对特殊访客群体（如残疾人、儿童、老年人、军人、教师等），要进行相应的费用减免调整。

【国际借鉴】

美国的国家公园向游人征收的费用主要由门票费、住宿费、营地使用费、活动费构成。多数国家公园都征收门票费，费用自不到 1 美元至 25 美元不等（表 4-4），宿营费用每晚约 20 美元。例如，黄石国家公园的入园费是 25 美元，有效期为 7 天。参观者进入国家公园后，步行、与护林员交流、营地项目、游客中心的展览与视频观赏等项目一般不收费，有些公园的区间车费用也加入到门票费之中。但由公园的特许经销商经营的项目一般是收费的 [1]。

1　张海霞．国家公园的旅游规制研究 [D]．上海：华东师范大学，2010.

国家公园	每辆车	摩托车每人	自行车或步行每人
大烟山	0	0	0
大峡谷	30	25	15
约塞米蒂	30	20	15
黄石	30	25	15
落基山	30	25	15
奥林匹克	20	10	7
在恩	30	25	15
大铁盾	30	25	15
阿卡迪亚	25	20	12
冰川	30	25	15

游客量排名前十的美国国家公园门票情况　　　　　　　　　　表 4-4

注：单位：美元。另外，阿卡迪亚国家公园每年 11 月至次年 4 月不收费。

4.3.9　对弱势群体的关注

国家公园的访客类型中包括残疾人、儿童、老年人等弱势群体，访客行为管理中应当关注这类访客对于国家公园资源使用、游憩活动参与和安全保障等的权利平等问题。同时，针对上述访客群体的特殊性，需制定相应的行为规范，并提供适合他们的通用设计。

【国际借鉴】

《美国国家公园管理政策》指出，无障碍设计的宗旨是在最大合理范围内，应使残疾人士能够同样参与其他正常人都能参加的项目和活动。在选择提供无障碍化服务的方法时，应优先考虑那些能够在最合理、最具综合性的环境中提供项目和活动的办法。只有当现有的设施、项目或服务不能合理地实现无障碍化时，才能够提供特殊的、单独的或替代性的设施、项目或服务；只有在同残疾人士或其代表进行认真协商或咨询之后，才能确定哪些设施、项目或服务是合理的。任何可能导致"不平等机会"的决定，都会受到正式的侵犯残疾人权利的诉讼[1]。

1　贺艳，殷丽娜.美国国家公园管理政策（最新版）[M].上海：上海远东出版社，2015.

4.3.10 访客反馈及投诉制度

在国家公园内，访客对资源环境的影响、访客体验的满意度、访客对管理者的满意度等信息，应当及时反馈给园区管理者，以便及时对紧急事件做出反应，提高园区管理水平。同时，国家公园应当建立完善的访客投诉制度，并告知访客投诉程序，并且对投诉进行及时、公开的反馈。

4.4 国家公园解说教育

4.4.1 加强解说教育的理论研究（理论）

应吸收借鉴国外的成熟理论，加强多学科研究，推进国家公园解说教育的理论研究，并应关注一些重点研究领域，包括解说教育相关的概念界定、理论方法和规划设计应用。在理论研究中要在借鉴国外理论的基础上结合我国自然保护地的具体情况进行创新。

【基本概况】

解说教育的概念：

被誉为"解说之父"的费门·提尔顿（Freeman Tilden）在其 1957 年出版的《解说我们的遗产》（Interpreting Our Heritage）中提出了一种被广泛接受的"解说"定义："解说并非简单的信息传递，而是一项通过原真事物、亲身体验以及展示媒体来揭示事物内在意义与相互联系的教育活动"。他认为恰当的解说的确能直接保护遗产，而解说最重要的目的也许就是保护[1、2]。在此之后，有多位学者和机构对于解说的定义和目的提出了自己的见解。解说在遗产保护中的功能包括：解说具有娱乐和教育作用、解说是一种有效的游客管理策略、解说能够提升旅游体验[3]。

"环境教育"这一名词的诞生，始于 1972 年在斯德哥尔摩召开的"人类环境会议"正式将"环境教育"（Environmental Education）这一名称确定下来。这次会议被认为是环境教育的里程碑，标志着环境教育在全球范围内得以兴起。20 世纪 70 年代，英国学者卢卡斯（Locas）提出了著名的环境教育模式：环境教育是"关于环境的教育""在环境中或通过环境的教育""为了环境的教育"。1977 年第比利斯国际环境教育大会下的定义是：环境教育是各门学科和各种教育经验重定方向和互相结合

1 Tilden F. Interpreting Our Heritage [M]. Chapel Hill: University of North Carolina Press, 1957.

2 陶伟, 洪艳, 杜小芳. 解说：源起、概念、研究内容和方法 [J]. 人文地理, 2009 (05)：101-106.

3 陶伟, 杜小芳, 洪艳. 解说：一种重要的遗产保护策略 [J]. 旅游学刊, 2009 (08)：47-52.

的结果，它促使人们对环境问题有一个完整的认识，使之能采取更合理的行动，以满足社会的需要[1]。本节中的"解说教育"是指国家公园中的解说和环境教育。

4.4.2 提升解说教育的重视程度（理念）

随着游憩观念的更新，访客对于解说教育的需求日益增加，国家公园各级管理机构与公众均需要加强对于解说教育的理解和重视，从而帮助访客深入理解国家公园的资源和价值、培育守护意识，有利于国家公园资源的保护与访客体验的提升。

【基本概况】

解说教育在国家公园中的作用：

提供教育是国家公园的基本功能之一，因而环境教育（Environmental Education）和解说（Interpretation）也是国家公园规划、管理中的一个重要内容。以美国为例来说明解说教育与国家公园的关系：美国国家公园管理局提供解说教育项目（Interpretive and Educational Programs）的作用包括：帮助公众理解公园资源的意义和关联性、培养形成一种守护意识。解说教育项目能够在公园资源、访客、社区和国家公园体系之间建立起关联，这种关联是基于对于公园有形资源和无形价值之间的连接。

【学者观点】

我国自然保护地解说教育的研究和实践现状：

国内有多位学者指出我国自然保护地解说教育的研究和实践现状："国外的环境解说研究起步较早，拥有大量的著作与文献。但是中国大陆已开展的相关研究较少，一般只在旅游规划研究的专著中有部分原理与方法的说明，深入研究不足。"（吴必虎，2003）"目前我国旅游解说研究虽然数量较少，但前景可观并正处于快速发展时期，受到越来越多学者的关注。"（张明珠，2008）"目前中国无论是遗产的管理者或是民众，甚至相当一部分的专家、学者对解说的价值都缺乏必要的认识，这严重制约了解说的发展。因此，现在亟须做的工作之一就是使社会各界认识解说、知道解说的重要性，从而为解说的发展而努力。"（孙燕，2012）"我国生态旅游环境解说系统普遍建立但专业化程度较低，有些内容缺乏科学性。"（钟林生、王婧，2011）"自然公园（即我国的保

---

1 崔建霞. 环境教育：由来、内容与目的 [J]. 山东大学学报(哲学社会科学版)，2007(04): 147-153.

护地）环境解说与教育现状包括：（1）机构和公众对环境解说与教育缺乏认识和重视；（2）缺乏基于深入研究的环境解说规划，内容简单，缺乏系统性；（3）环境解说形式极其单调；（4）只有简单的解说，缺乏环境教育活动组织。影响环境解说、环境教育水平与质量的因素：（1）旅游价值观缺乏变迁、更新；（2）体制僵化粗放，缺乏实施环境解说与教育的动力。"（乌恩、成甲，2011）

4.4.3　建立解说教育的制度保障（机制）

第一，应整合研究现有各类保护地关于解说教育的政策，在国家公园的法律法规、政策方面明确解说教育的地位并进行阐释说明，应使术语规范统一、内容详细丰富、有足够的深度，从而建立国家公园解说教育的制度保障；第二，出台相应的技术性指南，指导国家公园的日常管理工作；第三，在国家公园的管理机构中应设置专门部门或由专人负责国家公园的解说教育相关工作，明确规定部门职责和业务范围，加强财力、物力的投入和保障；第四，建立环境教育的多方参与机制，完善合作伙伴关系，相关的合作方包括各级政府机构、社区居民、大中小学校、科研机构、非政府组织、媒体等，应重点建立志愿者解说制度；第五，建立解说教育的效果评估和反馈调整机制。

【国内分析】

我国自然保护地"解说教育"相关法规政策解读：

总体上看，我国各类自然保护地均有解说教育方面的相关规定，内容比较充实。综合比较各类保护地对于解说教育相关的法规政策，有以下差异：第一，术语有所不同：各类保护地应用的术语包括宣传教育、科普教育、教育活动、解说等；第二，侧重点有所不同，各类保护地对于解说教育的规定有可能体现在以下一个或几个方面：保护地的定义、保护地的任务和功能、专项规划、功能分区、管理，各有不同；第三，各类保护地政策中对于解说教育的规定和阐释的深度有所不同。

4.4.4　编制深入系统的解说教育规划（规划）

国家公园解说教育规划应加强深度和系统性，解说教育系统的构成要素包括解说教育的目标、主题和内容、解说教育方式等方面，解说教育规划应加以系统考虑。

第一，关于解说教育的目标。解说教育应帮助访客从整体上了解国家公园；为访客提供有意义的、值得回忆的经历；帮助访客理解国家公园内的生态环境状况和资源保护措施，并扩展到对于相关重要议题（例如气候变化、生物多样性、文化多样性）的关注；为访客提供游憩体验的机会，并鼓励对大自然的理解、尊重和爱。

第二，关于解说教育的原则。费门·提尔顿（Freeman Tilden）在《解说我们的遗产》给出了解说的 6 项原则，可作为参考。这些原则包括：（1）任何解说活动，若不能和游客的性格或经历有关，将会是枯燥的；（2）信息不是解说，解说基于信息；（3）解说是一种结合多种人文科学的艺术，无论论述的内容是科学的、历史的或建筑相关的，任何一种艺术，多多少少都是可传授的；（4）解说的主要目的不是说教，而是激发；（5）解说应该定位于整体，全面展示；（6）对 12 岁以下儿童的解说不应该是成人的简化版，而应换一种不同的方式[1]。后人用提尔顿所引用的国家公园服务管理手册中的一段话"通过解说，以致了解；通过了解，以致欣赏；通过欣赏，以致保护"来概括提尔顿的解说思想，并公认这是第一个遗产解说理论[2]。

第三，关于解说教育的主题和内容。解说教育的内容基于国家公园的价值，以资源保护为目标，强调价值、保护措施和访客行为管理的解说，素材丰富多样，融科学性与趣味性与一体。

第四，关于解说教育的方式。应采用多种方式进行解说教育，包括人员解说、自导式解说、展示陈列等。应利用新技术提供多样的解说教育服务，加强交互式、便携式解说教育方式的应用，应利用新媒体丰富解说教育方式。其中解说人员的来源主要包括专业解说员、社区居民、志愿者。自导式解说包括网站、微信公众号、短片、宣传折页、解说手册、解说牌系统、出版物、手机 APP 导航系统、多功能数字导游仪等。而展示陈列需要提供全面的解说。

【国际借鉴】

美国国家公园综合解说规划 Comprehensive Interpretive Plan (CIP)：

从美国国家公园的管理政策看，《美国国家公园管理政策 2006》的第七章为"解说与教育"（Interpretation and Education），详细规定了解说教育项目、解说规划、个人服务与无人服务、解说的能力与技巧、对所有解说教育服务的要求。《6 号局长令》（Director's Order 6）《6 号参考手册》的主题为"解说与教育"，对管理政策的相关内容进行了补充说明。除了法规政策之外，还有解说教育指南（Interpretation and Education Guideline）提供技术性指导。《管理政策》提出一个有效的解说教育项目应包括：（1）给访客提供便捷的信息项目，使其有安全的、便于享受

1　Tilden F. Interpreting Our Heritage[M]. Chapel Hill: University of North Carolina Press, 1957.

2　孙燕．美国国家公园解说的兴起及启示 [J]．中国园林，2012（06）：110-112.

的访客体验；（2）提供具有展示功能的解说项目，使访客能够将自身的知识和情感与公园资源关联起来；（3）提供基于课程的教育项目，并将教育工作者纳入公园的规划和发展；（4）提供公园相关信息并促进对公园主题和资源深度理解的解说媒介。在规划编制方面，美国国家公园的综合解说规划（Comprehensive Interpretive Plan，CIP）由长期解说规划（Long-Range Interpretive Plan）、年度实施计划（The Annual Implementation Plan）、解说数据库（The Interpretive Database）这三个基本部分组成，其内容较为丰富、系统性较强。

4.4.5　提高解说教育硬软件系统质量（管理）

第一，加强解说教育硬件设施的投入和建设；第二，加强解说员队伍的培训，从而提升解说质量；第三，丰富解说教育的形式，可以综合运用多种解说教育媒介、组织开展环境教育创新课程；第四，提供解说教育的人性化服务，重点关注儿童、老年人、外国人等群体的特殊需求。

【试点方案】

试点方案总结：

整体上看，各个试点方案比较重视解说教育硬件和软件系统的建设，包括标识系统与游客中心、建立智慧导览系统、科普材料和实践活动、人员解说队伍、志愿者解说队伍、发挥原住民作用。部分方案阐述了相关机制的建立，包括明确解说内容、成立专门机构、解说系统规划、加强教育推广。

【学者观点】

国内学者对于我国自然保护地解说教育的建议：

有多位国内学者曾对我国自然保护地的解说教育提出对策和建议，例如："在进行国家公园解说系统规划时，应充分考虑解说系统的人性化问题，重视环境教育和资源保护，加强与学校、科研院所、社区及环保组织的联系，构建公众环境教育网，开展解说子系统适用性研究。"（宋劲忻，2010）[1]"美国国家公园解说的兴起所带来的启示包括：对解说的价值应有充分认识、解说最重要的目的是保护、以解说进行教育、发展解说项目应因地制宜等。"（孙燕，2012）[2]"除了专门设置的解说员外，大力发展解说志愿者，让普通的民众尤其是风景区当地的居民参与到风景名胜区的保护和管理中，壮大解说队伍，提高游憩品质，让游客对国

1　宋劲忻. 国家公园解说系统规划探讨 [J]. 林业调查规划, 2010（03）: 124-128.

2　孙燕. 美国国家公园解说的兴起及启示 [J]. 中国园林, 2012（06）: 110-112.

家级风景名胜区有深度的了解，提高环境保护的意识；丰富解说方式，提高游客服务中心的展示功能，如影音视频解说、分区导览等，同时增加与环境相呼应的导览解说牌，弥补人员解说的不足；提供多样化的免费的纸质解说材料，如宣传折页、地图等，方便游客边游览边参考。"（陈耀华等，2013）[1]

4.5 国家公园设施的建设和管理

4.5.1 设施建设和管理的原则

（1）必要性原则。国家公园内除维持国家公园保护、价值展示和适当游憩必需的设施外，其他设施能不建设就不建设，并将必须建设的设施规模和影响控制在最小范围内。

（2）生态性原则。国家公园在设施规划、设计、建设、后期运营维护等流程中，应坚持以资源保护为核心的生态性原则，保护人类和大自然共同的权益。在设施规划设计论证期间，应针对当地自然条件进行充分调查，严格控制新建人工设施的规模和数量，同时对于大型基础设施的建设展开合理性论证；在设施建设期间，应充分考虑噪声、污染等问题，降低设施建设对于野生动物迁徙、繁殖的影响；在设施运营期间，应针对大型设施定期开展科研监测活动。

（3）综合性原则。国家公园设施建设应满足游览、解说、科研、监测、生产、生活等多方面功能需求，协调资源保护和利用的双重目标。

（4）景观性原则。国家公园设施建设应充分结合当地自然环境和人文特色，与周围景观环境相协调。对于缆车、索道等大型基础设施的建设，需要考虑设施建设对于景观视廊、自然风貌等方面的影响。

（5）地域性原则。国家公园设施建设应充分融合地域文化特色，体现时代创新精神，在一些重要的构筑物、建筑物的设计上，应结合当地文化和自然元素，在材料、色彩、体量、造型等方面，展现地域性景观风貌。

（6）经济性原则。国家公园设施建设应结合当地经济发展水平，充分利用现有设施资源，选择经济高效的建设和管理方式，同时为当地居民提供就业岗位，如民宿、农家乐等，带动周边社区发展。

（7）安全性原则。国家公园设施建设应遵守各类国家规范和行业标准，保障使用安全。

1 陈耀华，潘梅林. 台湾地区国家公园永续经营研析 [J]. 生态经济，2013（10）：37-44.

【国际借鉴】

美国国家公园提出"国家公园服务将提供必要、合适、与公园资源价值保护相一致的游客和管理设施""国家公园设施建设及管理将会把以环境为主导、可持续发展的原则最大程度应用到规划、设计、选址、建设和维护的方方面面。[1]"

日本国家公园提出公共设施整备应考虑景观性、综合性、利用性、安全性、经济性和管理性。

4.5.2　设施建设和管理的分区控制

基于国家公园功能分区/管理政策分区，确定设施的分区管理政策。其中，访客体验区允许建设游步道、观景台、掩体等小型游览设施，服务设施区允许建设宾馆、游客中心等较大型游览设施，但是规模和选址应进行严格控制。

【国际借鉴】

美国国家公园设施建设的分区控制　　　　　　　　　　　　　　　　**表 4-5**

分　区	具　体　要　求
I 原始自然保护区	无开发，人车不能进入
II 特殊自然保护区 / 文化遗址区	允许少量公众进入，有自行车道、步行道和露营地，无其他接待设施
III 公园发展区	设有简易的接待设施、餐饮设施、休闲设施、公共交通和游客中心
IV 特别使用区	单独开辟出来做采矿或伐木用的区域

日本国家公园设施建设的分区控制　　　　　　　　　　　　　　　　**表 4-6**

分　区	具　体　要　求
I 特级保护区	维持风景不受破坏，允许游人进入，有步行道和当地居民
II 特别地区（I 类）	在特级保护区之外，尽可能维持风景完整性，有步行道和居民
III 特别地区（II 类）	有较多游憩活动，需要调整农业产业结构的地区，有机动车道
IV 特别地区（III 类）	对风景资源基本无影响的区域，集中建设游憩接待设施
V 普通区	为当地居民居住区

1　Management Policies 2006, U.S. Department of the Interior, National Park Service.

【国内分析】

中国风景名胜区包括特级保护区、一级保护区、二级保护区和三级保护区四级内容，其中特级保护区不得搞任何建筑设施；一级保护区内可以安置必要的步行游赏道路，严禁建设与风景无关的设施；二级保护区内可以安排少量旅宿设施，限制机动车进出；三级保护区内有序控制各项设施与建设。中国自然保护区分为核心区、缓冲区和实验区，仅有实验区允许建设旅游设施。

【试点方案】

中国九大试点区主要有三类分区方式，第一类是严格（核心）保护区、生态保育区、游憩展示区和传统利用区；第二类是特别保护区、严格控制区、生态展示区、传统利用区；第三类是特别保护区、减畜利用区、访客体验区和服务设施区。其中，游憩展示区、生态展示区、访客体验区和服务设施区允许有限度地建设各类设施。

4.5.3 道路交通设施管理

国家公园道路可分为两大类：机动车道路和非机动车道路。

国家公园内部非机动车道路建设应满足以下原则：（1）保护国家公园资源；（2）能够提供令人满意的步行游览体验；（3）减少与机动车和不兼容用途的冲突。非机动车道路的设计要多样化，适合不同访客类型和现场条件，如徒步道、骑马道、自行车道、讲解用的小径等，位于探险、徒步等自然区域的小径不需要铺设路面，保持自然朴实的特质[1]。

国家公园内部机动车道路建设应学习和借鉴国外国家公园道路建设的成功案例，促进形成完善的法律法规。国家公园内部机动车道路建设应以生态性为基本原则，充分考虑道路开发对景观和生态环境的影响。首先国家公园相关部门应充分调研道路建设现状及生态影响，例如每年发生野生动物交通事故的频率，现状生态敏感性土壤、植被分布区域，现状野生动物繁衍栖息地、活动路线等；其次，在道路规划和设计阶段，应邀请相关景观学、生态学专家进行评估，明确被保护、保育的对象和目标，同时学习国外生态道路建设的新方法和新技术；然后，在道路施工阶段，应减少土方工程，保护原有植被和土壤，必要时应架设野生动物走廊，以降低对生态环境影响；最后，在道路维护管理阶段，应加强科研监测，对于道路周边地形、土壤、生物量等进行定期统计调查，若

1 贺艳，殷丽娜. 美国国家公园管理政策：最新版 [M]. 上海：上海远东出版社. 2015.

道路建设对周围生态环境产生了不良影响，应及时反馈，并采取应对措施。

【案例借鉴】

（1）案例一：美国 I-70 州际公路建设

美国 I-70 州际公路由科罗拉多州的丹佛向西延伸至犹他州，贯穿落基山脉及全美第三高的森林游憩区——怀特河森林游憩区，景观壮阔。其规划开始于 1953 年，历经多方抗议和讨论，经过长达十多年的详细规划、设计和施工，于 1993 年获全美土木工程成就奖。该工程在规划之初，通过多方合作，获得环境监测的相关资料，并邀请相关专家参与规划；道路在建设过程中，以高架桥及栈桥通过环境敏感区，同时采用各种新技术处理道路边坡，搭配一些景观复原技术或植生技术。此外，为保护表土及原生花草，道路建设初期便将富含种源库的表土加以保存[1]。

（2）案例二：日本日光宇都宫道路建设

日本日光宇都宫道路连接日光和青龙路段，长约 6km，位于日光国家公园范围内，穿越虫鸣山和保护类青蛙的栖息地。为降低道路建设产生的环境影响，保护蛙类的繁殖栖息地，道路建设之初进行了非常详实的生态调研，以了解道路建设范围内保护性物种的数量、区域、活动路径等现状条件。由于道路规划区域内的原生林区有丰富的腐殖质和种源库，经调查后决定保留开挖路权范围内地表土，完工后将土壤回覆于附近旁坡。道路建设中采用了高填方路堤的形式，并将规划道路向大谷川方向移动，同时将部分路段改为低路堤形式或桥梁隧道通过环境敏感性区域[1]。

4.5.4　缆车（索道）管理

我国国家公园内应严格控制缆车（索道）的建设。应充分论证索道建设的必要性和对国家公园价值保护的影响。缆车线路的选址需要充分考虑到生态保护和访客体验的双重目标，在最小环境影响的前提下，为访客提供最有价值的自然和文化体验。需要充分调查现有的自然地形、景观视廊等条件，运用模拟软件预测缆车建设对于视觉景观、生态环境和游客体验的影响。缆车线路的选择、规模确定需要经过广泛的公众参与和严格的专家评审后方可进行。缆车修建后仍需要进行监测反馈，若是对生态环境造成巨大影响，应减小缆车规模甚至停止缆车运营。

1　周南山，台湾山区国道公路规划原则与环境条件融合之研究计划，2008。

【国际借鉴】

美国和日本国家公园索道建设情况表　　　　　　　　　　　　　　　表4-7

国家	相关规范	建设现状	相关国家公园
美国	美国国家标准ANSI B77.1，客运缆车系统法	美国国家公园都不设索道，只有在一些滑雪胜地，为了将滑雪者送上山顶，才会考虑建造索道	无
日本	日本铁道事业法第三章索道事业（1986年）、索道设施有关技术上基准制定省省、索道设施设计与管理规范	日本国家公园内设置的缆车数为全世界最多，至1999年全日本共建造了3108座缆车。其中，有3069座空中缆车，经过层层开发许可程序后兴建	富士箱根伊豆国立公园、大雪山国立公园、阿寒国立公园、阿苏九重国立公园、十和田八幡国立公园、南阿尔卑斯国立公园、六甲国立公园、上高地国立公园

【案例借鉴】

（1）案例一：日本富士箱根国家公园空中缆车

富士箱根伊豆国立公园位于日本东京近郊，为著名的温泉休闲胜地，园内有许多名胜古迹，文化和自然资源都十分丰富。箱根山在大约四十万年前发生火山喷发，中央部分沉降，形成芦之湖，其排水口便是早川和须云川，两溪流沿岸形成美丽的溪谷。由于该区域游人往来众多，自然风景秀丽，故在该区域规划了十分发达的交通网，有地面轨道缆车、登山电车、登山巴士和观光船等。全区空中缆车分为两条，一条为早云山缆车，从早云山经过大桶谷至桃源台，全长1512m，路线高差287m，每小时运量1440人次，大桶谷站设有餐饮及瞭望台；另一条为登山型驹岳山缆车系统，由箱根园至驹岳山，全长2533m，路线高差723m，可观赏到富士山和芦之湖相映的宜人景观。

富士箱根国家公园缆车修建经过严格选址，充分考虑视觉景观和生态影响，并严格控制游客容量，取得了较好的实际成效[1]。

（2）案例二：澳大利亚巴伦峡国家公园的"天空之轨"

"天空之轨"架设于澳大利亚巴伦峡国家公园的热带雨林之上，是全世界最长的缆车之一，全长7.5km，主要由4个站所、32个塔台、114台缆车组成，最多可承载700人，全程需要90分钟。从"天空之轨"上，可以俯瞰地球最古老的潮湿热带雨林的壮丽景观。

[1] 李春茂. 国外高山缆车设置及管理案例之研究. 2004.

该空中缆车于 1994 年修建，1995 年完工，但审批过程却用了七年半的时间，经过 23 个政府部门和其他团体的反复讨论，在确认缆车的修建和运行不会对热带雨林造成不良影响后，工程才得以实施。施工前，相关部门对场地进行了充分的调研，以确保珍稀物种不会受到影响。顶部土壤和枯枝落叶在施工前被移除保存，并在施工完成之后还原。植物幼苗在施工期间被移栽，并在结束之后重植于原来位置。为了减少机动车运输对森林的破坏，在施工过程中没有新建任何道路，整个施工过程中使用了直升机用于运输设备、材料和水泥，直升机承载着 900t 的钢铁、水泥和建筑材料穿越巴伦瀑布；而工人们则需要每天背着工具步行到缆车塔的修建位置[1]。

【学者观点】

谢凝高教授提出索道及其他商业性的游乐设施，应选择风景区和世界遗产地以外适当地区。他认为索道破坏地形，破坏植被与生态，破坏景观的自然美，加剧人流在山顶集中，误导人贬低名山，不符合旅游的基本要求，与世界自然文化遗产保护背道而驰[2]。有专家学者提出景区索道建设应满足五大前提，分别是：与相关法律法规不冲突并严格审批，应处理好景区保护与开发的关系，索道上部（山顶）景观必须诱人，景区高差大、攀登难、游线长以及年接待游客量应不低于 30 万人次[3]。也有专家提出索道比汽车公路和步行盘道更加生态环保，并以西双版纳野象谷为例说明，野象谷中有大片茂密的原始森林，其中生长着各式各样的亚热带植物，并且有大象等珍稀动物出没，若修步行道或车道，不仅需要砍伐一定的树木，而且汽车尾气和垃圾会对生态环境产生巨大的污染，架设于原始森林之上的索道更有利于生态环境的保护[4]。

4.5.5　住宿设施管理

我国国家公园内应严格控制民宿及宾馆建设，严格保护区内不允许兴建民宿或宾馆。应尽可能利用现有设施满足访客需求，通过严谨全面的分析确定民宿 / 宾馆的规模和数量。新建民宿 / 宾馆应保持与周围景观风貌和谐，提高服务品质，融入地方文化特色。

【案例借鉴】

日本大雪山国家公园内共有 11 处避难小屋（山小屋），总床位为 425 人，仅为游客提供临时休息及卫生空间，国家公园内不允许兴建宾

1　资料来源: https://en.wikipedia.org/wiki/Skyrail_Rainforest_Cableway.

2　谢凝高. 索道对世界遗产的威胁 [J]. 旅游学刊, 2000, 15 (6): 57-60.

3　许韶立, 席建超, 肖建勇. 论旅游景区索道建设的五大前提 [J]. 地域研究与开发, 2006, 25 (6): 80-82.

4　蒋宁. 浅谈风景名胜区内旅游索道存在的合理性 [J]. 旅游学刊, 2000 (06): 61-63.

馆或民宿。大雪山国家公园是日本最大的国家公园，由此可见，日本国家公园内住宿设施建设控制非常严格[1]。

4.5.6　水电站建设管理

我国国家公园内应严禁水电站的建设。已有水电站应通过监测实时关注水电站对生物的多样性、鱼类洄游及繁殖的影响，并应创造条件尽快停止和拆除水电站。

【案例借鉴】

美国的水坝功能多元，包含娱乐、防洪、供水、灌溉和水力发电等。约有 28000 座的水坝其主要功能之一是娱乐，占比 34%；有超过 15000 座水坝主要是为了降低灾害和进行飓风水资源管理的功能，占比 18%。然而，美国的水坝建设却一直面对经济发展与生态保护相互冲突的两难处境，并经历了反坝运动和拆坝运动的浪潮。

美国反坝运动起源于加州的赫奇赫奇峡谷（Hetch Hetchy Valley）水库计划。由于该水库利用了优胜美地国家公园的土地，约翰缪尔和当地的环保团体发出了长达 7 年的抗议，但最后仍投票兴建。

美国拆坝运动最初开始于 1999 年，美国缅因州为恢复鲑鱼而决定移除位于肯纳贝克河的爱德华水坝。此后，大量水坝被决议拆除，依 Proff and Hart（2002）报告，美国国内于二十世纪期间移除了 467 座坝体。近年来，美国奥林匹克国家公园艾尔瓦河上的两座水电站完成拆除。其拆除原因主要是考虑到水电站对于周围环境的生态影响：两座大坝剥夺了洄游鱼类 93% 以上的洄游通道和栖息地，许多鱼种濒临灭绝；除了对鱼类巨大的影响，大坝对河口三角洲的侵蚀、对近海海滩、河岸泛洪平原以及其他物种、群落的影响也很大；此外，为水电站建设牺牲最大的原住民部落，在大坝产生的电力带来的社会经济进步中，却是受益最少的，他们甚至到 1968 年还没有用上室内电灯[2]。

1　资料来源：http://sounkyovc.net/manner.

2　Nicole W (2012). Lessons of the Elwha River: managing health hazards during dam removal. Environmental Health Perspectives 120:a430-a435.

第五章

国家公园社区协调发展

六、构建社区协调发展制度

（十七）建立社区共管机制。根据国家公园功能定位，明确国家公园区域内居民的生产生活边界，相关配套设施建设要符合国家公园总体规划和管理要求，并征得国家公园管理机构同意。周边社区建设要与国家公园整体保护目标相协调，鼓励通过签订合作保护协议等方式，共同保护国家公园周边自然资源。引导当地政府在国家公园周边合理规划建设入口社区和特色小镇。

（十八）健全生态保护补偿制度。建立健全森林、草原、湿地、荒漠、海洋、水流、耕地等领域生态保护补偿机制，加大重点生态功能区转移支付力度，健全国家公园生态保护补偿政策。鼓励受益地区与国家公园所在地区通过资金补偿等方式建立横向补偿关系。加强生态保护补偿效益评估，完善生态保护成效与资金分配挂钩的激励约束机制，加强对生态保护补偿资金使用的监督管理。鼓励设立生态管护公益岗位，吸收当地居民参与国家公园保护管理和自然环境教育等。

（十九）完善社会参与机制。在国家公园设立、建设、运行、管理、监督等各环节，以及生态保护、自然教育、科学研究等各领域，引导当地居民、专家学者、企业、社会组织等积极参与。鼓励当地居民或其举办的企业参与国家公园内特许经营项目。建立健全志愿服务机制和社会监督机制。依托高等学校和企事业单位等建立一批国家公园人才教育培训基地。

5.1 社区共管机制

5.1.1 居民社会调控

1. 居民社会调控原则

（1）保护社区的传统（民族）文化。保护国家公园内社区居民的传统（民族）文化的真实性和完整性。保护其传统生产生活方式，及传统民居的空间布局、景观格局和建筑风貌。

（2）严格控制社区对国家公园的资源利用方式和强度。禁止园外人口的内迁，清查并撤销双户籍人员和空挂户人员。

（3）建立合理的居民点系统。在全面评估国家公园内社区现状、价值及对生态的影响等的基础上，科学划分居民点类型并分别提出规模布局控制措施和建设管理措施。

【基本概况】

我国保护地面临众多威胁和挑战，保护地的管理和建设面临着巨大的人口压力、资源利用和经济发展的挑战。以自然保护区为例，在我国自然保护区建立早期，抢救性的保护没有考虑人为因素的影响，把大量的村镇人口纳入自然保护区范围。根据学者的最新统计，截至2014年底，全国1657个已界定范围边界的自然保护区内共分布有居民1256万人，平均人口密度约为0.1人/hm^2，市县级试验区人口密度接近全国人口密度1.42人/hm^2。[1]

而风景名胜区的社区问题也较为紧迫，在35个编制于2000年之前的风景区规划中，存在社区问题的风景区有32个，占91%。其中60%以上的风景区均存在三类问题：不当经营对风景区的直接破坏；工业对风景区环境的污染；过多的居民分布致使风景区环境恶化[2]。随着风景名胜区旅游业的发展，景区内的人口迅速增加，在经济利益的驱动下，当地居民不当的生产活动和盲目建设现象屡见不鲜，造成风景区居民生产生活与风景资源保护的矛盾，对风景资源和生态环境的维护造成负面影响[3]。

【国际借鉴】

经过了一百多年的发展，世界国家公园运动的理念已由过去排斥人类的绝对保护走向相对保护，从消极保护走向积极保护。各国国家公园

1 徐网谷，高军，夏欣，等. 中国自然保护区社区居民分布现状及其影响 [J]. 生态与农村环境学报，2016（01）：19-23.

2 张国强，贾建中. 风景规划：《风景名胜区规划规范》实施手册 [M]. 北京：中国建筑工业出版社，2003.

3 祝佳杰，宋峰，包立奎. 基于综合价值评判的风景区村落整治与保护研究：以浙江江郎山风景名胜区为例 [J]. 中国园林，2009（06）：30-33.

都逐步开始尊重原住民、当地社区的文化和社会价值，强调社区参与国家公园的建设、管理与保护，以及强调国家公园对社区经济的促进作用。立法层面，美国、加拿大、澳大利亚、新西兰等都颁布了"原住民相关法"以保障原住民的土地、居住等权利，其中美国还有针对阿拉斯加地区原住民的专门法，如1971年的 Alaska Native Claims Settlement Act。规划管理层面，各国国家公园的管理目标体现对社区发展和原住民文化的重视，"社区参与"是制定管理规划的重要环节，"社区共管"也成为新的保护地管理模式。

2. 居民点分类调控

分类依据：根据国家公园内社区的价值、常住人口的规模、居民点性质、职能、土地属性、分布及其与国家公园管理分区的位置关系等，将社区居民点分为特别保护型、搬迁型、聚居型、控制型4类。

特别保护型：具有较高历史文化、科研价值的传统乡村聚落。在生态保护的前提下保护乡村的历史风貌，包括街道布局、景观格局、传统建筑，以及居民传统的生产生活方式。

搬迁型：缺少历史文化价值，社区的布局选址等对国家公园的生态保护、特殊景观保护等存在严重干扰或影响。搬迁工作需要进行严格的论证，并与社区居民进行充分协商，分步实施并建立安置补偿机制。

聚居型：位于国家公园的入口服务区，为外迁居民的聚居地。应完善公共市政配套设施，严格控制其他开发建设。

控制型：除特别保护型、搬迁型、聚居型居民点之外的居民点，往往其社区价值一般且对国家公园的自然资源有一定依赖。需要限定人口迁入和人口增长，限制土地和自然资源利用强度，严格控制宅基地面积、建设位置及村庄布局结构。

【国内分析】

我国自然保护地规划规范中对居民社会调控的要求：

我国自然保护地规划规范中对居民社会调控的要求不尽相同。风景名胜区规划规范的内容较为全面。

《风景名胜区规划规范》（GB 50298-1999）：凡含有居民点的风景区，应编制居民点调控规划；凡含有一个乡或镇以上的风景区，必须编制居民社会系统规划。居民社会调控规划应包括现状、特征与趋势分析；人口发展规模与分布；经营管理与社会组织；居民点性质、职能、动因特征和分布；用地方向与规划布局；产业和劳力发展规划等内容。居民社会调控规划应遵循下列基本原则：严格控制人口规模，建立适合风景区特点的社会运转机制；建立合理的居民点或居民点系统；引导淘汰型产业的劳动力合理转向。居民社会调控规划应科学预测和严格限定各种常住人口规模及其分布的控制性指标；应根据风景区需要划定无居民区、居民衰减区和居民控制区。居民点系统规划，应与城市规划和村镇规划相互协调，对已有的城镇和村点提出调整要求，对拟建的旅游村、镇和管理基地提出控制性规划纲要。对农村居民点应划分为搬迁型、缩小型、控制型和聚居型等四种基本类型，并分别控制其规模布局和建设管理措施。

【学者观点】

在处理风景资源保护与旅游开发的问题时，往往从迁移当地居民入手，而当地居民的就业转移和从事替代经济活动又受到资金不足、缺少技术培训等问题的困扰。搬迁是双刃剑，资金补贴和搬迁实施后的正面效果立竿见影，可同时带来一系列社会、经济、文化的变迁，其隐患难以估量[1]。

在规划操作中，风景名胜区内居民点调控方案的制定往往缺乏科学、客观的依据，使得调控的实际成效受到影响。建立风景区内村落价值综合评价标准体系，为风景名胜区内居民点调控方案的设计建立相对客观的判别依据，并基于风景区居民点存在的普遍问题和实际规划操作中的不足，结合新农村建设的新形势，提出了符合中国实际的风景名胜区居民点调控策略、内容体系和规划方法[2]。

5.1.2 社区产业引导

原则：不与国家公园的价值保护相冲突，引导发展绿色低碳产业；以社区自愿为前提，设立参与奖励机制，鼓励加工业外迁和创新产业发展。

调整第一产业。社区第一产业的调整重点是产业生态化融合。

限制发展第二产业。除传统利用区之外，严格限制加工业等产业。建立加工业外迁鼓励和补偿政策。

积极引导发展第三产业。通过产业转型培训和提供政策支持，引导居民参与国家公园的保护管理和特许经营。

【国内分析】

我国自然保护地规划规范中对社区产业引导的要求：

《自然保护区总体规划技术规程》（GB/T 20399-2006）提出：要制定社区发展与共建共管规划，要求社区发展与共建共管规划应达到能

1 崔志华，郭晓迪."五个统筹"背景下的风景区居民点调控问题研究 [J]. 北京林业大学学报（社会科学版），2010（02）：73-77.

2 祝佳杰，宋峰，包立奎. 基于综合价值评判的风景区村落整治与保护研究：以浙江江郎山风景名胜区为例 [J]. 中国园林. 2009(06)：30-33.

有效地改善社区社会经济状况、落后的生产生活方式；改进资源利用方式……社区发展与共建共管规划内容包括：……改进社区经济结构与经济发展模式……规划扶持社区发展的项目，应体现居民自愿参加，以小型、微型项目为主，以改进生产生活基础设施为主的原则。

《风景名胜区规划规范》（GB 50298-1999）规定：居民社会用地规划严禁在景点和景区内安排工业项目、城镇建设和其他企事业单位用地，不得在风景区内安排有污染的工副业和有碍风景的农业生产用地，不得破坏林木而安排建设项目。

《云南省国家公园总体规划技术规程》（DB 53/T 300-2009）规定：在社区自愿参与的原则下，引导和扶持调整产业结构，引导劳动力合理流转，固定耕地和牧场，发展集约型生态农业、园艺型观光农业，开发特色旅游商品等。

【案例借鉴】

自然保护地友好产品增值体系：

"自然保护地友好产品增值体系"由著名野生动物保护学者、中国科学院动物研究所副研究员解焱博士于2013年发起。通过在自然保护地社区推广有机农业、推广保护地友好产品的生产，并为产品搭建完整的产业链，以帮助乡村社区增收，缓解自然保护与经济发展之间的矛盾，保护自然资源和生物多样性。在吉林省珲春市敬信镇，三家农户以有机方式种植水稻，杜绝化学品的使用对于以水稻为食的大雁等鸟类颇有益处。四川都江堰市高山野菜种植合作社，通过生产多种野菜避免栖息地的单一化。四川九顶山的一些牧民承诺在2020年以前将放牧量减少40%，以减少家养牲畜和野生动物的竞争，他们的牦牛肉和藏绵羊肉也成为保护地友好产品[1]。

5.1.3　周边社区协调机制

"周边社区"指位于国家公园边界之外，且其生产生活与国家公园的生态保护、环境污染防治、基础设施建设等有直接或间接关联的社区。周边社区协调机制主要体现在3个方面。

（1）规划协调。一方面，将总体管理规划作为区域规划和区域生态系统规划的一个组成部分，鼓励周边社区参与到公园总体规划中，并且在国家公园管理规划中明确国家公园界外威胁及其处理措施。另一方面，需公园管理者及时掌握国家公园周边的区域规划、土地利用总体规划、城市总体规划，对不利于公园价值保护地部分进行充分协调、提出修改

1　保护地友好体系：以有机农业捍卫国家生态安全底线［EB/OL］. http://www.yogeev.com/article/53957.html.

建议等。国家公园周边社区的乡镇总体规划、美丽乡村建设、基础设施建设等需征得国家公园管理机构的审批同意。

（2）合作保护。与周边社区签订合作保护协议，共同保护国家公园周边的植被、动物、水体等自然资源；与社区及周边各利益相关方合作，将国家公园与其他保护区通过走廊联系在一起，创造公园网络系统。

（3）旅游设施建设协调。鼓励国家公园周边社区在不与国家公园生态保护等价值相冲突的前提下，适度建设旅游设施，补充国家公园的访客服务设施，成为国家公园的门户社区。

【国内分析】

国家公园和周边社区居民存在着非常紧密的互动关系。国家公园周边社区居民受到国家公园的影响，同时，又对国家公园的存在和发展有着极为重要的作用。

我国自然保护地在国家层面的立法尚无涉及自然保护地周边社区协调机制的内容。部分省份的风景名胜区条例中明确定义风景名胜区外围保护地带（指为了保护景源特征及其生态环境的完整性、历史文化与社会的延续性、地域单元的相对独立性，保护、利用、管理的必要性与可行性划定的外围保护区域），并对外围保护地带的建设管理、规划协调等做了规定（表5-1）：

省级和风景名胜区级条例有关外围保护地带的协调内容　　　　　　　　　　表5-1

《陕西省华山风景名胜区条例》	第七条　华阴市人民政府负责华山风景名胜区外围保护地带的建设和管理工作。华山风景名胜区周边其他县级人民政府，应当结合实际利用华山风景名胜资源，发展旅游业，促进县域经济的发展
	第十二条　华阴市人民政府编制城市规划和批准乡村规划，涉及华山风景名胜区及其外围保护地带内的，应当符合华山风景名胜区规划要求，并书面征求华山风景名胜区管理机构的意见
	第十三条　华山风景名胜区及其外围保护地带的建设应当依据华山风景名胜区规划进行。除必需的保护设施、附属设施外，在华山风景名胜区重要景点不得兴建其他设施
	第十四条　在华山风景名胜区及其外围保护地带内不得设立污染环境的建设项目；已经建设的，华山风景名胜区管理机构或者华阴市人民政府应当责令限期拆除
	第十七条　华山风景名胜区及其外围保护地带内建设项目的布局、高度、体量、造型、色调等，应当体现地方特色，与周围景观和环境相协调。已有的有碍景观的建筑物、构筑物，华山风景名胜区管理机构或者华阴市人民政府应当限期拆除

续表

《陕西省华山风景名胜区条例》	第十八条　华山风景名胜区及其外围保护地带的村（居）民住宅和乡村公共设施建设，应当符合华山风景名胜区规划要求，适当集中、合理布局，与周围景观和环境相协调 第二十五条　渭南市人民政府、华阴市人民政府和有关乡（镇）人民政府，以及华山风景名胜区管理机构，应当扶持和帮助华山风景名胜区及其外围保护地带内的农村集体经济组织和农户，利用自然资源优势发展生态农业、生态林业和旅游服务业，改善生态环境，保护风景名胜资源 第二十六条　华阴市人民政府应当根据华山风景名胜区规划，围绕建设旅游城市的目标，在外围保护地带建设交通、住宿、餐饮、购物等旅游配套设施，提高旅游服务质量，促进旅游业整体发展
《福建省风景名胜区条例》	风景名胜区外围保护地带建设项目应当与风景名胜区规划相协调。建设项目的选址、布局和建筑物的造型、风格、色调、高度、体量等应当与周围景观、文物古迹和生态环境相协调
《浙江省风景名胜区条例》	风景名胜区外围保护地带内的镇、乡和村庄的规划与建设，应当与风景名胜区总体规划的要求相协调。风景名胜区及其外围保护地带不得建设污染环境的工业生产设施

【国际借鉴】

美国国家公园通过合作保护进行界外管理[1]：

通过合作保护进行界外管理是指，与界外土地相关的其他利益相关者一起工作，通过教育、影响和说服，而不是强迫遵守，防止相邻土地对国家公园产生威胁的做法。这是最为温和的方法，而且能够实现国家公园和利益相关者的共赢。

通过对《2006 年美国国家公园管理政策》的整理分析可知，美国国家公园界外合作保护的内容和方式丰富多样。其中，规划层面的合作保护最为突出，表现为：一方面，将总体管理规划作为区域规划和区域生态系统规划的一个组成部分，鼓励公众参与到公园总体规划中来；在总体管理规划中明确公园界外威胁及其处理措施。另一方面，需要公园管理者及时掌握界外各项土地规划和开发项目的动向，并积极参与到各种类型的区域规划中，对不利于公园的部分进行充分协调、提出修改建议等。另外，合作保护还表现在自然资源管理层面：国家公园与相关管理机构以及非政府组织、私人组织、私人土地所有者等签署协议（Agreement），共同保护植被、动物、水体等自然资源；建立国家公园网络层面：与各利益相关方合作，将国家公园与其他保护区通过走廊联系在一起，创造无缝的公园网络系统。合作保护的基础在

1　庄优波. 美国国家公园界外管理研究及借鉴[C]. 中国风景园林学会 2009 年会论文集，2009 年.

于自愿参与，因此，提供技术支持、开展教育项目、支持入口社区规划等措施有利于对利益相关方自愿参与观念的培养，是合作保护的有力保障。尽管合作保护能够充分发挥公众作用，其产生的力量是很强大的，但是也存在一定的缺陷，即其成果过于随机，缺乏整体性和有效性。

5.2 社区补偿机制

5.2.1 补偿原则

（1）明晰补偿主体和对象，全面覆盖利益受损的社区。

（2）科学制定补偿标准。

（3）强化社区发展能力的建设，多元化补偿方式，避免输血式的资金补偿造成社区的依赖。

【基本概况】

我国自然保护地存在生态补偿机制不完善、补偿标准偏低、补偿覆盖面不足等问题。

其中，我国自然保护区集体林补偿机制存在三个主要问题：生态补偿标准不科学，只能部分弥补集体经济组织成员的经济损失；客体不全面，只有公益林被作为补偿对象，未能完整覆盖所有类型的集体林；实施程序不健全，对于自然保护区集体林补偿金的发放等实施程序缺乏清晰界定，导致原本不高的补偿金使用低效。

5.2.2 补偿主体和对象

补偿主体：应根据利益相关者在建立国家公园中的责任和地位确定，包括中央政府、省政府、社会、企业和国家公园自身。

补偿对象：纳入国家公园范围的社区，包括因保护而使用受限的集体土地的所有者、经营或承包者以及需要迁出国家公园范围内的社区。

【学者观点】

确定补偿的主体和对象是明晰补偿流向、保障补偿公平到位的基本前提。必须对主体、对象的辨识与分类、利益博弈关系等进行研究，对补偿各利益相关者的权利与义务关系等清晰界定，使生态补偿目标明确，更具有可操作性。

5.2.3　补偿方式

集体土地补偿方式参见 2.3.2 "集体土地和自然资源的补偿" 部分。

搬迁安置补偿方式包括重新安排宅基地、货币补偿、产权调换、保障性政策等。

【试点方案】

浙江开化国家公园体制试点——搬迁安置补偿标准：

（1）制定拆迁安置补偿标准

基于开化国家公园体制试点区划分的 3 种居民点调控类型，通过重新安排宅基地、货币补偿和产权调换方式对搬迁居民予以补偿。补偿标准参照《开化县异地搬迁规划 (2011-2015)》和《关于推进整村搬迁与退宅还耕的若干政策 (试行)》(县委办 [2011]19 号文) 制定。

（2）重新安排宅基地

本着先安置后拆迁的原则，在实施拆迁前采取多种方式妥善安排好被拆迁村民的居住问题，包括选定安置区域、建好安置房、制订切实可行的安置方案，并征得被拆迁农户同意，防止拆迁后村民居住无着落。

（3）货币补偿

货币补偿主要用于补贴因放弃房屋、宅基地用以搬迁、购置新房发生的各项费用，以补偿社区居民放弃原有住所而受到的损失，保障社区居民基本生活。对签订退宅还林协议并如期搬迁的搬迁型村民，给予 3 万元 / 人的补偿，对自愿签订退宅还林协议并如期搬迁的聚居型村民，给予 2.6 万元 / 人的补偿。

（4）产权调换

村民在搬迁后取得开化国家公园体制试点区、县国土局、住建局联合办理的 "异地搬迁安置" 证明，可以依法办理相关产权手续。在开化县郊安置的搬迁型村民给予 3300 元 /m^2 的购房补贴 (每人不超过 30m^2)；与邻近村合并的聚居型村民给予 3300 元 /m^2 的建房补贴 (每人不超过 30m^2)。

（5）保障性政策

政策保障主要是搬迁居民在医疗、教育、房屋产权等方面享有的特殊政策。在居民重新安置后给予其生产所需要的基本技术和技能，以提高就业创业能力，提高工资性收入。搬迁户子女在入学就读、医疗卫生上享受迁入地居民的同等待遇。为搬迁户制定出台就业创业扶持政策，金融部门对搬迁户给予信贷优惠，降低其重新创业的成本。在同等条件下，原搬迁居民享有在开化国家公园体制试点区范围内进行特许经营的优先权。搬迁至游憩展示区的居民，按照居民需求可给予农家乐、餐饮经营等技术培训；搬迁至传统利用区的居民，应当给予农业养殖种植技术的指导与培训，帮助社区居民发展油茶种植、油茶榨油、油菜花种植、梅花观赏等特色农业和产业，形成自我发展机制。

5.3　社区参与机制

5.3.1　参与保护管理

（1）自然资源管理制度。在国家公园管理法规中应明确社区参与保护管理的主体资格，保障其以合法身份参与保护管理中。建立一套社区理解和接受的自然资源管理制度，签订《社区共管协议》，同意社区在相关政策要求与科学指导下与国家公园管理机构共同保护自然和文化资源。国家公园的日常管护工作等优先社区居民就业。

（2）建立社区共管委员会。促进成立经民主选举产生的社区共管委员会，行使社区自然资源管理的决策、规划、实施、监督、收益、分配等。社区共管委员会对社区进行不定期考察并记录社区的保护行为，对于积极主动参与生态和资源环境保护的居民，颁发荣誉称号并给予资金奖励，保障社区参与的积极性[1]。

5.3.2　参与特许经营

（1）明确社区居民参与特许经营的主体资格。在国家公园管理法规中应明确社区参与特许经营的主体资格——特许经营项目在同等竞争条件下优先考虑国家公园内的社区居民，保障其以合法身份参与到特许项目的承包经营中，并要将经营权转让控制在社区可操作和可承担的范围之内。

（2）社区参与特许经营的形式。国家公园管理机构引导国家公园内的社区居民通过合资经营、合作经营、股份制等方式与国家公园相关机构之间建立合作关系，以资产、资金、技术、人员投入为联结纽带。资

---

[1] 参考武夷山国家公园试点方案。

金充足的居民可采取入股或承包特许经营项目的模式；对拥有技术或资源的居民采取技术或资源入股的模式，按劳分红。此外，国家公园内的住宿接待、交通等特许经营项目优先社区居民就业。

（3）监督管理社区特许经营。国家公园管理机构要与社区签订特许经营合同，针对社区参与的不同特许经营项目明确不同运营条件，规避项目运营期间产生的特殊问题。通过第三方监督机构，对社区承包的特许经营项目从价格监督、环境管理等方面进行定期（1年）监控和评估，使社区承包的特许经营项目与其他项目一样保持良性运营与发展。一旦发现经营主体已不具备经营项目的资格，管理机构应根据相应的方针政策警告经营方直至撤销其经营资格，终止特许经营合同[1]。

5.3.3　参与保障机制

（1）保障社区作为集体土地或资源所有权人的利益。通过法规条约等明确社区参与特许经营、保护管理等的主体资格、保障相关权益。如在进行集体土地购买、置换时，需让社区知情并获得其同意。通过宣传教育等培养社区的主人翁意识，引导其积极主动参与国家公园的特许经营和保护管理。

（2）社区协商机制。涉及国家公园建设、经营、资源管理、社区管理和利益分配等重大事宜，应充分征求原住民及涉及的社区居民的意见，建立重大事项社区协商机制。

（3）信息畅通机制。采取多种沟通方式向社区宣传国家公园管理的方针政策和基本知识，国家公园建设、经营、管理的整个过程应保证社区的知情权。

（4）利益分配机制。应在以下方面保障社区利益的分配：国家公园特许经营制度应优先向社区倾斜，国家公园资源保护、环卫等工作优先向社区提供机会。鼓励社区通过多劳多得从国家公园的管理、经营和游客服务等工作中获益。社区参与国家公园的资源管理、游客服务等工作需符合国家公园相关规划、管理计划和政策法规，不得在政策框架之外开展独立于国家公园管理制度之外的经营活动[2]。

（5）奖励机制。设立社区奖补基金等，对积极参与并在保护管理、特许经营中作出贡献的社区或个人给予适当的奖励并授予荣誉证书。

【基本概况】

我国自然保护地的社区参与存在着严重不足的现状，具体表现为参与意愿不高、参与行为不多、参与深度不够、参与持续性不足等。社区

1　参考浙江开化试点方案。

2　引自云南的试点方案。

参与制度困境主要体现在以下两个方面。

第一，现有社区参与制度不完善。关于社区参与的相关制度和政策，多是属于纲领性的、指导性的表述，缺少具体的制度规定。具体表现为：首先，关于居民参与的具体权利没有明确的规定，如对于环境保护的知情权、参与权和监督权等；其次，关于居民参与保护的方式和方法、形式和途径等内容同样没有具体规定；最后，对于妨碍社区参与保护的个人和单位没有具体的制裁措施。这些问题直接导致社区参与的制度保障力度不够。

第二，现有社区参与制度在实践中存在组织困境和文化困境。居民在参与保护、管理和监督过程中存在权力不明、机制不畅的问题。无论是自上而下还是自下而上都难以形成畅通的参与渠道。组织困境体现在自然保护区内社区自治组织发育不良、村委会的权威在下降。文化困境体现在居民的主体意识和公共精神淡薄，传统行政文化的消极思想仍在，"搭便车"心理限制了居民的社区参与。

【国际借鉴】

澳大利亚的国家公园共管模式将长期规划与日常管理的合作关系通过双方协议制度化，以法律条文明确原住民土地所有人和公园保护组织双方的权利和义务。希望在保护公园生物多样性的同时，也保护原住民的传统价值，同时利用原住民的传统知识和经验促进公园管理。共管模式的建立还很大程度上令原住民受益，例如当地原住民可以获得国家公园25%的门票收入，以及3万元以上的商业活动25%的收入。国家公园的原住民 Liddle 女士称，这里的原住民大概是世界上最富有的原住民。此外，根据租约，国家公园必须提供社区必要的资源、基础设施以及各种社区发展所需援助，包括电力、健康、土地与环境维护、道路、休闲、垃圾场等设施，同时也严禁游客未经许可进入原住民社区。并且，国家公园往往会协助建设一些社区建筑。随着因观光、经营管理等收益机会的增加，在原住民重获土地所有权的国家公园，越来越多的原住民选择返回家园定居，因此预计在国家公园内居住的原住民数量将不断增长[1]。

---

1 王应临. 基于多重价值识别的风景名胜区社区
规划研究 [D]. 北京: 清华大学，2014.

第六章

国家公园规划

【建立国家公园体制总体方案】

五、完善自然生态系统保护制度

（十五）实施差别化保护管理方式。编制国家公园总体规划及专项规划，合理确定国家公园空间布局，明确发展目标和任务，做好与相关规划的衔接。按照自然资源特征和管理目标，合理划定功能分区，实行差别化保护管理。重点保护区域内居民要逐步实施生态移民搬迁，集体土地在充分征求其所有权人、承包权人意见基础上，优先通过租赁、置换等方式规范流转，由国家公园管理机构统一管理。其他区域内居民根据实际情况，实施生态移民搬迁或实行相对集中居住，集体土地可通过合作协议等方式实现统一有效管理。探索协议保护等多元化保护模式。

七、实施保障

（二十一）完善法律法规。在明确国家公园与其他类型自然保护地关系的基础上，研究制定有关国家公园的法律法规，明确国家公园功能定位、保护目标、管理原则，确定国家公园管理主体，合理划定中央与地方职责，研究制定国家公园特许经营等配套法规，做好现行法律法规的衔接修订工作。制定国家公园总体规划、功能分区、基础设施建设、社区协调、生态保护补偿、访客管理等相关标准规范和自然资源调查评估、巡护管理、生物多样性监测等技术规程。

6.1 国家公园规划的重要性

6.1.1 规划的法律依据

为了确保国家公园规划的权威性和有效实施，国家公园规划应受到《自然保护地基本政策法》和《国家公园法》[1]的保护，《国家公园法》中应明确规定国家公园规划的审批部门、原则和目标、层次和内容、编制要求、实施监管及惩处措施等要求。

其他法律法规依据包括：《中华人民共和国环境保护法》《中华人民共和国森林法》《中华人民共和国野生动物保护法》《中华人民共和国野生植物保护法》《中华人民共和国城乡规划法》《中华人民共和国土地管理法》《中华人民共和国矿产资源法》《中华人民共和国水法》《地质遗迹保护管理规定》《古生物化石管理办法》等。

【国际借鉴】

各国国家公园规划的法律依据分析：

西方发达国家在国家公园法律保障和立法模式方面的探索及经验，对我国国家公园体制建设具有借鉴意义，其国家公园规划的制定和实施主要以综合性框架法和专类保护地法为依据。例如，美国国家公园总体管理规划和实施规划制定的主要法律框架是《国家环境政策法案》（National Environmental Policy Act）和《国家史迹保护法案》（National Historic Preservation Act），战略规划和年度工作计划制定的主要法律框架是《政府政绩和结果法案》（Government Performance and Results Act）；《加拿大国家公园法》（Canada National Parks Act）中规定了加拿大国家公园管理规划相关事宜；英国的《当地政府法》（Local Government Act）规定国家公园是独立的规划当局，《环境法》（The Environment Act）规定每个国家公园管理局须准备和发布一份国家公园管理规划；新西兰国家公园规划受到《国家公园法》（National Parks Act) 和《保护法》(Conservation Act）的法律保护，《国家公园总体政策》为保护地管理提供指导，内容涵盖自然资源、文化与历史资源、游憩利用、设施建设、活动、科研与信息、自然灾害应对等内容。

另外，日本的《自然公园法》规定了每处自然公园均要制定自然公园规划，根据该计划制定自然公园内设施的种类及配置、保护程度的强弱。

综上，基于我国现有自然保护地法律法规情况，应借鉴美国、新西

1 张振威. 中国国家公园与自然保护地立法若干问题探讨 [J]. 中国园林, 2016. 32(02): 70-73.

兰模式制定"自然保护地综合性框架法"明确国家公园的法律地位，再通过"国家公园专类法"对国家公园的各项规划编制和保护管理措施进行规定。

6.1.2 规划的审批部门

国务院国家公园行政主管部门（国家公园管理局）应会同国务院各有关自然保护地行政主管部门，在对全国自然环境、自然资源和自然保护地状况进行调查和评价的基础上，拟订全国国家公园发展规划，经国务院国家发展和改革委员会综合平衡后，报国务院批准实施。

国家公园的总体规划，由国家公园地方主管部门（国家公园管理分局）审查后，递交国务院国家公园行政主管部门（国家公园管理局）审核，报国务院批准；详细规划和专项规划，由国家公园地方主管部门（国家公园管理分局）审核后，报国务院国家公园行政主管部门批准实施。

【国内分析】

我国保护地规划审批情况分析：

目前，各类自然保护地总体规划由保护地管理机构逐级上报，人民政府相应资源主管部门垂直管理，其中国家级自然保护区和国家级风景名胜区总体规划的审批级别最高，由国务院批准实施；另外7类保护地规划则由国务院下属职能机构直接批准——（国家级）地质公园、（国家级）水利风景区和（国家级）城市湿地公园总体规划由正部级单位批准实施，（国家级）森林公园、（国家级）湿地公园、（国家级）海洋特别保护区和（国家级）海洋公园由副部级单位批准实施。

现行的专类专管模式有利于各系统内部的法规执行和资金支持，但在不同资源主管部门之间进行规划协调和交叉监管则存在部门壁垒，不利于各类保护地的横向管理。因此，国家公园总体规划应由国务院批准实施，试点期结束后，国家公园范围内已有的其他类型保护地规划应停止修编，并统一执行国家公园总体规划。

6.1.3 规划的惩处措施

违反《国家公园法》的规定，国务院国家公园行政主管部门、县级以上地方人民政府及其有关行政主管部门有下列行为之一的，对直接负责的主管人员和其他直接责任人员依法给予处分；构成犯罪的，依法追究刑事责任：

（一）国家公园自设立之日起未在 2 年内编制完成国家公园总体规划的；

（二）选择不具有相应资质的单位编制国家公园规划的；

（三）未按照总体规划进行建设活动的；

（四）擅自修改国家公园规划的；

（五）管理和保护不力，造成资源破坏的。

【国内分析】

我国保护地法律法规惩处措施内容分析：

在国家条例和部门规章层面，违反自然保护地总体规划的情况大致分为：未在规定时间内编制完成总体规划、违反总体规划进行建设活动、在总体规划批准前进行建设活动、擅自修改总体规划、管理和保护不力造成资源破坏等。相应的惩罚措施包括：构成犯罪行为的，依法追究刑事责任；尚不构成犯罪的，对负有直接责任的主管人员和其他直接责任人员依法给予行政处分；对于保护管理不合格的湿地公园和城市湿地公园，可撤销其命名。

综上，现行的自然保护地法律法规主要针对规划编制超期、存在违反规划的建设活动和资源保护不力等现象制定了惩罚措施，但对于规划的实施进度和实施效果，尚未明确提出奖惩办法，未来在"国家公园专类法"中应得到详细阐述。

6.2 国家公园规划的层次和内容

6.2.1 规划层次

国家公园规划体系分为发展规划、总体规划、详细规划和专题规划。

国家公园发展规划应提供全国性的宏观指导框架和长远目标，对我国国家公园的资源完整性、发展数量和区域分布进行统筹研究，突出各类自然资源的典型性和代表性，坚持保护优先、全民受益原则，科学制定国家公园体系发展计划。

国家公园总体规划的编制，应以保护自然资源为首要目标，提出管理方针和政策并依据资源特征及价值对公园进行分区，突出自然资源的完整性、原生性和地域性特色，合理布局各类设施。总体规划还应遵循开发服从保护的原则，为公众提供游憩和教育机会，促进当地社会经济可持续发展。大型而又复杂的国家公园，可以单独增编管理分区规划。

国家公园详细规划应根据园内功能分区的不同利用要求进行编制，确定基础设施、游览设施、交通设施等建设项目的具体选址、布局与规模，并明确设计条件。同时，国家公园详细规划应当符合国家公园总体规划。

如有需要，可对国家公园内资源的专项保护或利用编制专题规划，例如生态保护专题规划、科研发展专题规划。国家公园专题规划不同于国家公园总体规划中的"专项规划"内容，是针对国家公园特定保护管理问题的专题性研究，应符合总体规划。

【国际借鉴】

美国、加拿大、英国、新西兰、日本国家公园规划层次介绍：

美国现行的国家公园规划决策体系包括4个层次的规划成果：总体管理规划、战略规划、实施计划以及年度工作计划，均由内政部国家公园管理局丹佛规划设计中心统一编制。加拿大国家公园规划体系包括：系统规划、管理规划、资源管理规划、服务规划和行动规划。英国国家公园的规划政策相对庞杂，其中最重要的是国家公园管理规划和法定规划体系下的区域规划和地方规划。新西兰国家公园规划体系具有明显的层次性，具体分为保护管理策略和保护管理规划两个层次。日本国立公园规划是根据各个公园的特性确定风景保护、管理措施以及各类设施的建设计划，包括设施计划和控制计划。

针对我国家公园体制建设处于初创期的现状，首先应制定出全局性的战略发展规划，现阶段建设层面的规划仍以物质形态规划和总体管理规划为主，逐步向规划决策体系过渡，并以美国现行的国家公园规划决策体系为参照对象。

6.2.2　总体规划内容框架

国家公园总体规划应当包括下列内容：

（一）国家公园的范围、性质和主要保护对象；

（二）国家公园价值分析与比较研究；

（三）规划期内保护管理目标；

（四）资源保护措施；

（五）功能分区和空间布局；

（六）游憩活动管理（游憩承载量、游憩机会、游憩活动影响管理）；

（七）专项规划（生态恢复、科研监测、解说教育、道路交通、游览设施、基础工程、社区发展）；

（八）相关规划协调（主体功能区规划、城乡规划、土地利用规划、社会经济规划、原保护地规划）；

（九）规划环境影响分析；

（十）分期规划目标及行动计划；

（十一）管理机构与人员编制；

（十二）建设投资及保护管理费用测算，综合效益评估；

（十三）规划实施保障措施。

6.2.3　与已有规划的协调

国家公园规划应当依据国民经济和社会发展规划以及主体功能区规划进行编制，符合禁止开发区域的有关要求，遵循"从宏观到微观，坚持资源保护优先，合理促进社会经济可持续发展"的衔接协调原则。

国家公园体制建设试点阶段，国家公园总体规划在编制过程中如与省（区、市）级总体规划衔接不能达成一致时，可由国务院发展改革部门进行协调，报国务院裁定。国家公园范围内如果包含多个已设立的自然保护地，其各项规划应停止修编，并统一执行国家公园总体规划。已审批的设施建设项目若与国家公园总体规划相冲突应立即停止执行，项目实施影响需交由上级国家公园行政主管部门进行复议。在公园分区调整过程中，应首先确认原保护地（群）在空间和管理层面是否存在交叉重叠问题，分析该区域内保护级别与利用强度的差异性，梳理土地的所有权和使用权，以资源保护优先为原则对公园全域进行分区。其中，自然保护区的核心区不能纳入国家公园的开发利用范围，如涉及局部调整，应上报国家公园行政主管部门评估和批准。

国家公园体制建设成熟期，应当以主体功能区规划（优化开发区域、重点开发区域、限制开发区域、禁止开发区域）为基础编制空间体系区域规划，在统一的空间信息平台上协调区域内城乡规划、土地利用规划以及环境保护、文物保护、综合交通、社会事业等专项规划内容，通过"多规合一"的方式控制保护边界和开发边界的一致性。在区域规划的指导下（主体功能区规划确定的禁止开发区域内）编制各类自然保护地规划，其中包括国家公园规划。

【国内现状】

我国保护地协调关系的分析：

目前，我国9类自然保护地的空间范围存在着管理边界模糊、"一地多名""一地多管"等现象，各类保护地规划之间往往需要衔接协调，而问题的焦点主要在于自然资源保护程度与利用强度的差异性以及规划实施的法律地位不同。

《自然保护区条例》第十二条规定：跨两个以上行政区域的自然保护区的建立，由有关行政区域的人民政府协商一致后提出申请，并按照前两款规定的程序审批。

《风景名胜区条例》第七条规定：新设立的风景名胜区与自然保护区不得重合或者交叉；已设立的风景名胜区与自然保护区重合或者交叉的，风景名胜区规划与自然保护区规划应当相互协调。

《国家级森林公园管理办法》第九条规定：已建国家级森林公园的范围与国家级自然保护区重合或者交叉的，国家级森林公园总体规划应当与国家级自然保护区总体规划相互协调；对重合或者交叉区域，应当按照自然保护区有关法律法规管理。

《国家湿地公园管理办法（试行）》第五条规定：国家湿地公园边界四至与自然保护区、森林公园等不得重叠或者交叉。第七条规定：申请建立跨行政区域的国家湿地公园，需提交其同属上级人民政府同意建立国家湿地公园的文件。

《国家城市湿地公园管理办法（试行）》第五条规定：对于跨市、县的国家城市湿地公园的申报，由所在地人民政府协商一致后，由上一级人民政府提出申请。

《海洋特别保护区管理办法》第十三条规定：领海以外海域和跨省、自治区、直辖市近岸海域国家级海洋特别保护区的建立由国家海洋局派出机构提出申请，报国家海洋局批准设立。

对于国家公园规划而言，应整合公园内已有保护地边界，重新划定功能分区，试点期结束后统一执行国家公园总体规划中的资源保护管理措施。

6.3　国家公园规划的编制要求

6.3.1　规划原则

国家公园规划应遵循：坚持科学保护与可持续利用的原则，统筹社区发展原则；公众教育与游客体验最佳化原则；充分的公众参与原则；可操作性原则；规划实施、监测、评估与反馈的动态调整原则；体现地方特色原则。

6.3.2 规划期限

国家公园应当自设立之日起 2 年内编制完成总体规划，规划有效期为 20 年。分期实施目标应符合：近期规划 5 年以内，中期规划 6 ~ 10 年，远期规划 11 ~ 20 年，使命期规划不设上限。同时，各国家公园管理机构应向上级国家公园行政主管部门提交年度规划实施报告。

6.3.3 规划编制机构

国家公园总体规划、详细规划应由各国家公园管理机构组织编制，并由具有国务院国家公园行政主管部门授权具有资质的设计单位承担编制任务。编制过程中，国家公园管理机构应邀请相关领域的专家、学者共同参与方案研讨，为规划编制提供专业建议。

6.3.4 规划编制及审批流程

编制初期，规划承担单位应进行外业综合调查，收集有关资料和文件，国家公园管理机构负责协助调研并提供基础资料；对调查收集的资料进行整理、分析、评价后，规划承担单位编写规划文本，绘制必要的规划图件。

编制过程中，规划草案完成后应广泛征求有关部门、专家和公众的意见，必要时应当进行听证。国家公园总体规划报送审核（批）的材料应当包括社会各界的意见以及意见采纳情况和未予采纳的理由。

编制完成后，由国家公园地方行政主管部门（国家公园管理分局）审查后，递交国务院国家公园行政主管部门（国家公园管理局）审核，报国务院批准。

规划经批准后，应当向社会公布，任何组织和个人有权查阅。经批准的国家公园总体规划不得擅自修改，因国家或者省级重点工程建设确需进行修订的，应当报原审批机关批准。

6.3.5 规划成果要求

国家公园总体规划成果应包含：国家公园及其影响区域的基础资料汇编、规划文本、规划图纸和规划说明书，如有需要可附加规划专题报告。

编制总体规划应内容精炼、突出重点，对详细规划具有指导性，同时便于执行和监督。

规划文本应当以法规条文方式书写，注重规划结论的表述。规划图纸应当与规划文本保持一致，以图件形式清晰、规范、准确表示规划文本结论的空间位置、地域、关系和规划要求。规划说明书应当对规划文本结论逐项进行必要的分析、论证和说明，可对文本内容作适当扩展和补充。

6.3.6　规划实施主体

各国家公园管理机构负责实施国家公园规划。

6.3.7　规划实施监督机制

国务院国家公园行政主管部门（国家公园管理局）应对国家公园的总体规划实施情况、资源保护状况进行监督检查和年度评估；国务院其他有关部门按照国务院规定的职责分工，负责国家公园范围内已有自然保护地实施期内总体规划的监督管理工作。对于发现的问题，应当及时反馈、纠正、处理。

中华人民共和国公民有权利和义务对国家公园规划实施情况进行监督，对于发现的问题可以书面形式递交国家公园上级行政主管部门（国家公园管理分局），相应的国家公园管理机构应在 15 个工作日内给予正式答复。

【国际借鉴】

部分国家的国家公园规划编制要求介绍：

美国国家公园规划均由内政部国家公园管理局丹佛规划设计中心统一编制，基于《国家环境政策法案》的法定程序，总体管理规划编制分 5 个阶段：规划准备、调查、制定替代方案、影响评价和方案选取。同时，《公园规划制定标准》要求在规划制定之前应做规划和管理基础分析并转化为可为决策者参考的文本，以及制定环境影响陈述。

加拿大国家公园规划由国家公园管理局区域中心及各个国家公园管理机构共同组织编制，规划方案由公园管理局 CEO 和国家公园管理局区域中心主任提交给环境部长审批。各国家公园的管理机构负责规划的具体执行，公园管理局 CEO 和国家公园管理局区域中心主任负责监督规划实施情况。

英国国家公园管理规划的编制工作由国家公园管理局负责组织，规划编制的准备过程非常重视利益相关者参与，规划草案完成后必须进行公众咨询，形成完整的公众反馈记录，并在最终的规划文件中得到体现。管理规划的实施情况由国家公园管理局进行监督。

新西兰保护部负责编制保护地的各级规划，并以规划为指导开展保护管理工作。在规划编制过程中，保护部还负责组织公众参与。保护部设有 11 个区域办公室，每个区域办公室下设不同的地区办公室和各保护地的管理机构，各级管理机构负责各自区域的管理规划的编制。

日本国立公园规划由环境大臣听取相关都道府县及审议会的意见后决定；国家公园规划由环境大臣根据相关都道府县提出的申请，听取审议会意见后由环境大臣决定；都道府县自然公园计划由都道府县知事在听取相关市、区、村及审议会意见后进行决定。

国际上，国家公园管理机构负责编制规划或组织编制规划，其中美国和新西兰的国家公园规划均由政府部门或下设机构直接编制，这对政府雇员的专业性具有较高要求，现阶段在我国实施具有一定工作难度。而从国家公园在我国自然保护地体系中所具有的特殊性考量，应单独设立国家公园规划编制资质并由国家公园管理局进行认证，承编单位可以是设计机构或科研院所，但认证总量应设上限。

第七章

国家公园立法保障

七、实施保障

（二十一）完善法律法规。在明确国家公园与其他类型自然保护地关系的基础上，研究制定有关国家公园的法律法规，明确国家公园功能定位、保护目标、管理原则，确定国家公园管理主体，合理划定中央与地方职责，研究制定国家公园特许经营等配套法规，做好现行法律法规的衔接修订工作。制定国家公园总体规划、功能分区、基础设施建设、社区协调、生态保护补偿、访客管理等相关标准规范和自然资源调查评估、巡护管理、生物多样性监测等技术规程。

7.1 我国"国家公园"适用的现行法律法规

纵观世界各国，包括国家公园在内的自然保护地的全面、有效保护，都必须以发达的法律制度与严格的执法力度作为根本保障。我国尚未制定直接管理自然保护地的专项法律。虽然我国颁布了《环境保护法》《森林法》《水法》《草原法》《野生动物保护法》等多部与自然资源保护相关的法律，但自然保护地作为特殊生态区域所应有的资源管理特点，并未在上述法律中得以充分体现。在我国生效的《世界文化与自然遗产公约》，虽然具有与国内法律同等的效力 [1]，但无法直接用于自然遗产的管理，需要依靠国内法律体系的"转译"。因此，我国自然保护地缺乏立法作为全面综合管理的依据。目前，位阶最高的法律规范仅有作为行政法规的《风景名胜区条例》和《自然保护区条例》，而作为部门规章的《国家级森林公园管理办法》《森林公园管理办法》及作为规范性文件的《国家湿地公园管理办法（试行）》的强制效力都很低，国家地质公园等类型则缺乏监管的上位法律依据。总体而言，我国自然保护地立法较为薄弱。

【我国现状】

我国自然保护地立法现状的形成与相关的管理体系设置密不可分。即我国保护地类型的设立与管理依附于传统的资源管理部门（如林业部门主管自然保护区、森林公园、湿地公园，住建部主管风景名胜区，国土部主管地质公园等），缺乏统一的保护地管理部门，而在国家层面缺乏保护地整体战略的情况下，各部门对保护地的自治就形成我国保护地管理的鲜明特色。各部门的自治、部门间的竞争与博弈，使得自然保护地无法形成目标合理、管理完善的体制机制。

因此，在通往制定国家法律的路上，中国自然保护地立法的进程异常艰辛。官方与民间的法律草案在过去的 10 多年中先后历经了《自然保护区法》《自然遗产保护法》《自然保护地法》等称谓的变革与交锋，再加上学界所持的不同学说和观点，关于该法的定位、适用范围、保护地类型、管理体制等基本问题仍未能达成广泛的共识。

自然保护地立法的长期缺位，国家对旅游经济的重视，再加上属地管理模式赋予了地方过大的自由裁量权，使得我国自然保护地管理出现过度市场化、盲目开发、资源保护不力、管理体制混乱、国有资产流失、门票价格过高、群体性事件频发等一系列颠覆自然保护地本质的问题。

因此，自然保护地立法势在必行。国家层面应对自然保护地立法的

---

1 按照国际法的理论，我国并未明确在法律中规定国际法的效力，但因由全国人大批准，所以一般视为等同于法律的效力。并且一些专门的法律、法规作出了"国际条约与国内法发生冲突时，国际条约效力高于国内法"的规定。

重要性、必要性和紧迫性保持清醒的认识，应在开展国家公园试点同时，启动新一轮自然保护地立法研究和编撰工作。

（1）自然保护区

我国自然保护区相关法律文件有：《中华人民共和国自然保护区条例（2011年修订）》《国务院办公厅关于做好自然保护区管理有关工作的通知》（2010年发布）《国务院关于印发国家级自然保护区调整管理规定的通知》（2013年发布）等行政法规2部、相关行政法规解释1部、国务院规范性文件50份、地方性法规578部（其中地方性法规70部、地方政府规章59部、地方规范性文件448份）；此外是分散于《中华人民共和国环境保护法》《中华人民共和国森林法》《中华人民共和国土地管理法》《中华人民共和国草原法》《中华人民共和国矿产资源法》《中华人民共和国水法》《中华人民共和国野生动物保护法》《中华人民共和国水土保持法》《中华人民共和国防沙治沙法》等法律法规中，但除《自然保护区条例》外，都仅是简单附带提及，而未将自然保护区之保护作为调整的主要对象。

（2）森林公园

我国森林公园相关法律文件主要有：《国家级森林公园管理办法》（2011年发布）《森林公园管理办法》（1993年发布）。《森林公园管理办法》制定于20世纪80年代中期，于1993年颁布。《森林公园管理办法》出台时，我国旅游产业并未进入鼎盛期，在其后将近20年的时间里，旅游业对森林公园的冲击与负面影响凸显，《森林公园管理办法》的问题也暴露出来。第一，《办法》覆盖面广，但重点不明确——将森林公园分为国家、省、地方三级，但并未强化重要级别的严格管理要求，将国家级森林公园规划审批权下放给省政府。第二，通过放宽经营主体强调了旅游开发的重要性。这使得森林公园的旅游资源开发盛行，对于重要级别的森林公园的资源保护带来了威胁。2011年颁布的《国家级森林公园管理办法》打破了"全覆盖但均等保护"的思路，采取了"重要级别强化保护"的原则，突出了国家级森林公园的重要性，通过对规划审批主体、规划内容、经营主体、经营方式等方面的规制，强化了国家级森林公园的保护要求。

（3）地质公园

我国国家地质公园的保护、管理与监督，尚处于探索和建设过程，各项规章制度、各项立法建设亟待健全和完善。目前除《环境保护法》《矿产资源法》《自然保护区条例》以及原地质矿产部颁布的《地质遗迹保护管理规定》和国土资源部颁布的《古生物化石保护管理规定》外，没有制定专门的全国性的国家地质公园法律或行政法规，只是在《自然保护区条例》和《地质遗迹保护管理规定》中把地质遗迹作为地质遗迹保护区的一种方式。2013 年颁布的规划性文件《国家地质遗迹保护项目管理办法（试行）》，旨在加强地质项目而非地质公园的保护。总体上看，有关国家地质公园的法律文件均层次较低，缺乏全国性的有针对性的法律法规，国家地质公园建设管理工作还没有建立在有法可依的基础之上，在具体操作时缺乏应有的法律依据。

此外，2015 年 6 月，国土资源部依据 2015 年 5 月 10 日《国务院关于取消非行政许可审批事项的决定》（国发〔2015〕27 号），停止受理和审批国家地质公园规划，这可能对国家地质公园的进一步发展带来局限性[1]。

（4）湿地公园

国家林业局于 2010 年发布了《国家湿地公园管理办法（试行）》，采取申报制遴选国家湿地公园，并对冠名、申请程序、管理机构、分区、宣传教育、资源调查、开发活动等方面进行规制。但是鉴于湿地资源破坏的严重性，国家林业局在 2013 年又发布了《湿地保护管理规定》，对全国湿地资源进行统筹管理，将湿地分为重要湿地和一般湿地，由林业主管部门划定重要湿地，建立强制性的湿地名录，加强监管。对于城市湿地的管理，住建部于 2005 年印发了《国家城市湿地公园管理办法（试行)》，采取申报制，对认定的国家城市湿地公园采取较为严格的保护措施。

【问题分析】

（1）自然保护地立法层级低

我国目前建立了以行政法规和地方性法规为主要形式的自然保护地法律制度，自然保护地专项立法经历了 10 多年的争议，尚未开启实质性的立法进程。自然遗产保护采用多元化主体的立法模式，没有专项立法的统筹，缺乏应有的系统性。"部门立法"效应凸显，不同管理部门之间缺乏理性合作，管理分割与利益博弈的情形很常见，造成法规、规章之间相互重叠、相互冲突，还形成了管理空白，难以全面、有效地保护我国的自然保护地。

（2）立法体系的冲突

在实践过程中，由于自然遗产分属多个部门管理，同时地方政府又拥有一定的地方立法权，导致了各部门在管理过程中"各人自扫门前雪"，为了各自利益，经常出现相互争夺的局面。而地方政府则为了经济利益和政绩工程，盲目开发和利用，打着保护的名义，行滥用开发之实，具体表现在以下两个方面：

从横向上看，我国自然遗产保护管理部门条块分割现象严重。自然保护区由环境保护部负责综合管理，并颁布了《自然保护区条例》；国家森林公园由国家林业局主管，并颁布了《森林公园管理办法》；风景

---

1 夏云娇,黄德林.国家地质公园立法初探 [J].湖北社会科学.2006（07）:136-141.

名胜区则由住房和城乡建设部主管，并颁布了《风景名胜区条例》。这些相应的管理办法和条例都是由这些部门各自起草的，在起草过程中各部门往往仅从自身利益的角度来考虑，缺乏整体的分工与合作，使得这些条例和办法之间相互重复，甚至相互矛盾。

从纵向上看，"部门分治，地方合治"使得地方政府削弱或化解中央监管。地方往往出于利益最大化的考虑而使同一保护地拥有尽量多的保护地类型，既争取最多的财政资源，又可获得更高的名望以招徕更多游客，这就造成过度开发、一地多牌等问题。

（3）地方立法更注重形式

受"一区一法"等美国国家公园立法理念等影响，地方政府在无法推动国家立法的情况下，将重心放在地方立法上。但根据既有地方立法实践，针对特定保护地的地方法规、地方政府规章等法律规范往往是将法定规划中重点内容进行效力提升，调整对象也往往是第三人，而对管理体制上的关键问题却无从提及，特别缺乏对行政管理主体、行政规划等行政行为的规制。

（4）可操作性不强

在我国现存的自然遗产保护立法当中，许多规定为禁止性或命令性规定，这些规定过于抽象和原则，在适用过程中不具有可操作性。例如《自然保护区条例》第26条规定："禁止在自然保护区内进行砍伐、放牧、狩猎、捕捞、采药、开垦、烧荒、开矿、采石、挖沙等活动。但是，法律、行政法规另有规定的除外。"虽然该条具有极强的强制执行力，但由于规定的过于宏观和概括，使得在执行过程中缺少可操作性。同样的情况还存在于地方性法规当中，很多地方性法规的规定都是对上位法的简单复制，对于保护对象和保护方法也只是作一般性的规定，在实践过程中不具有指导性和可操作性。

（5）法律责任制度不完善

虽然《刑法》第6章"妨害社会管理秩序罪"中第6节"破坏环境资源保护罪"规定了相应的刑事责任，但是该节当中能适用于自然遗产的刑事责任却有限，大多刑事责任针对的是普通的环境破坏行为。而其他的行政法规、部门规章和地方性法规，主要以行政处罚为主，在行政处罚的方式上又以罚款作为最主要的手段，例如《自然保护区条例》第35条的规定等。

【国际借鉴】

美国国家公园相关法律：

成熟完备的法律体系是美国国家公园管理系统的支撑和柱石，是美国国家公园得以持续发展到今天的关键保障[1]。经过130多年的发展探索，美国国家公园立法已较为完备，形成了包括国家公园基本法在内的一系列法律、法规、标准与指导原则、公约、执行命令体系[2]。此外，美国国家公园管理的方方面面还适用更为广泛的法律，美国法律体系的完备保障了国家公园运营与管理保持一种良性循环（表7-1）。

美国国家公园管理适用法律一览表   表7-1

事　项	法　案	颁布年份
国家公园设立及监管权	《国家公园管理局一般授权法》	1916
	《国家公园管理局组织法》	1916
	《国家公园法》及《国家公园组织法修正案》	1916、1933
	《国家公园管理局一般授权法》	1970
	《红木法》	1978
综合性立法	《国家环境政策法》	1968
	《复健法》	1973
	《综合环境响应、补偿与责任法》	1980
	《美国残疾人法》	1990
	《能源政策法》	1992
	《政府绩效与成果法》	1993
	《国家公园空中游览管理法》	2000
	《综合自然资源法》	2008
	《综合公共土地管理法》	2009
	《信息自由法》	1966
	《国家历史保护法》	1966
国家公园体系建设	《自然风景河流法》	1968
	《风景游径法》	1968
	《国家游径系统法》	1968
	《原生与风景河流法》	1968
	《荒野法》	1964
	《国家公墓法》	1973
	《国家公园综合管理法》	1998

1　杨锐. 美国国家公园体系的发展历程及其经验教训 [J]. 中国园林, 2001 (01): 62-64.

2　杨建美. 美国国家公园立法体系研究 [J]. 曲靖师范学院学报, 2011 (04): 104-108.

续表

事　项	法　案	颁布年份
国家公园体系建设	《阿拉斯加国家利益土地保护法》	1980
	《纪念性工程法》	1977
资源开发	《一般采矿法》	1872
	《河流与港口拨款法》	1899
	《采矿租约法》	1920
	《国家公园采矿法》	1976
	《联邦水资源控制法》	1974
财政	《联邦管理财政整合法》	1982
	《综合实体拨款法》	1997
	《综合利用和持续产出法》	1960
游憩供给	《户外游憩法》	1963
	《土地和水资源保护法》	1965
	《土地和水资源保护基金法》	1965
	《联邦土地游憩促进法》	2004
资源保护	《森林保护区法》	1891
	《文物保护法》	1906
	《威克斯森林采购法》	1911
	《历史遗迹法》	1935
	《高速公路美化法》	1965
	《构筑性屏障法》	1968
	《地热蒸汽法》	1970
	《海岸带管理法》	1972
	《地热蒸汽法》	1972
	《濒危物种法》	1973
	《地表采矿控制与复垦法》	1977
	《考古遗迹保护法》	1979
	《废弃船舶法》	1987
	《联邦岩洞资源保护法》	1988
	《考古资源保护法》	1990

续表

事 项	法 案	颁布年份
资源保护	《动物福利法》	1998
	《公园系统资源保护法》	1990
	《安全饮用水法》	1974
污染防治	《杀虫剂、杀霉菌剂和灭鼠剂法》	1910
	《有害物质运输法》	1975
	《有毒物质控制法》	1950
	《清洁空气法》	1963
	《清洁水法》	1972
	《石油污染法》	1990
	《噪声控制法》	1929
基础设施	《联邦资助高速公路法》	1968
	《电信法》	1996
	《减灾与应急救援法》	1988
特许经营	《国家公园管理局特许事业决议法案》	1965
	《改善国家公园管理局特许经营管理促进法》	1998
环境教育	《国家环境教育法》	1970
	《1990年国家环境教育法》	1990
	《有教无类法案》	2001
	《儿童户外活动促进法》	2008
	《博物馆法》	1996
志愿服务体系	《国家公园志愿者法》	1969
	《国内志愿服务法》	1973
	《国家与社区服务法》	1990
	《国家与社区服务机构法》	1993
	《爱德华·肯尼迪服务美国法》	2015
劳动法	《职业安全与健康法》	1970
	《平等就业机会法》	1972
社区管理	《美国印第安宗教自由法》	1996
	《本土美国人墓地保护与返还法》	1990
	《协商立法法》	1990

7.2 国家公园体系组织法

7.2.1 国家公园法律体系

国家公园法律体系应包括三个层级：作为国家最根本法的《宪法》＋作为保护地基本法的《自然保护地法》＋保护地专项法《国家公园法》。

此外，我国还有大量的环境与自然资源保护立法，包括《森林法》《环境保护法》《草原法》《农业法》《防沙治沙法》《大气污染防治法》《海洋环境保护法》《刑法》《矿产资源法》《固体废物污染环境防治法》《野生植物保护条例》《水生野生动物保护实施条例》等，这些规定也是国家公园立法的有力补充。

7.2.2 制定《自然保护地法》作为上位法

国家公园立法必须以自然保护地立法为前提和上位依据，因此，国家公园立法所指向的对象首先应是自然保护地体系立法。

应先制定《自然保护地法》。《自然保护地法》的重心并不在于自然保护地管理技术细则的法律化，而应更侧重于建立国家保障自然保护地可持续发展的宏观政策目标、发展机制与基本制度。应以解决既有自然保护地面临的共性问题为导向，侧重于国家对自然保护地的政策宣示，明确保护地价值、功能、管理目标与原则，确定自然保护地的监管主体及权利义务，确定最基本的自然保护地分类体系及管理准则，确立自然保护地发展与运营的基本制度[1]。

7.2.3 自然保护地立法模式

自然保护地立法应采用综合性框架法模式，由"综合性框架法＋专类保护地法"构成完整的层级体系。在环境保护领域，《自然保护地法》应与目前以污染防治为重心的《环境保护法》具有同等地位，在自然保护地法律体系中扮演基本法的角色。专类保护地法是在《自然保护地法》的框架下，将各类型保护地具体管理政策目标、手段及技术标准的法律化[2]。

1 张振威，杨锐．中国国家公园与自然保护地立法若干问题探讨 [J]．中国园林，2016（02）：70-73.

2 张振威，杨锐．中国国家公园与自然保护地立法若干问题探讨 [J]．中国园林，2016（02）：70-73.

7.3 国家公园管理规章制度

7.3.1 保护地名录及强制划定制度

《自然保护地法》应规定由国务院在 5 ～ 10 年内在资源普查、科学研究的基础上编制全国尺度的《自然保护地体系中长期规划》（以下简称《规划》）并设立《自然保护地名录》（以下简称《名录》）。《规划》应在《自然保护地法》所确立的目标和分类的基础上，进一步明确自然保护地体系的结构和空间布局。

制定强制性《名录》，转变现行的以综合考量资源价值条件、适宜性、可行性和发展意愿为主的保护地申报遴选机制，将在全球／国家／区域尺度上具有生态完整性、生物多样性、审美、科研等意义的自然区域强制划入《名录》。在对区域纳入《名录》的评估中，将评价因子分为规范性因子和指导性因子。将资源自然属性（典型、多样、脆弱、稀有等）确立为规范性因子，表征资源本身的重要性；将社会属性（压力、可行性、管理水平）纳入指导性因子，表征资源可管控水平。同时，《名录》施行分级制与分类制：基于规范性因子确立二级名录——国家级自然保护地名录和省级自然保护地名录；基于指导性因子确立二类名录——自然保护地正式名录和自然保护地预备名录。国务院应制定对不同级、不同类自然保护地的管理政策，尤其强化对预备名录单元的规制、扶持、激励与考核力度。

《名录》中应包括国家公园名录内容。

7.3.2 自然保护地监管及日常管理主体

自然保护地监管。在立法中明确各类自然保护地的监管主体。在《自然保护地法》中明确授权国务院作为重要保护地（包括国家公园）的监管主体，负责编制自然保护地发展规划、审批自然保护地的管理规划、监督各级保护地基金的使用、监测保护地内开发建设、考核保护地的日常管理等工作。

自然保护地日常管理与运营。自然保护地单元的日常管理由县以上地方政府的分支机构管理。非以下活动可委托非政府组织 NGO 依据法律、法规、规章进行管理：规章制定、行政许可、行政合同、执法、监察类活动。

7.3.3　自然保护地财政制度

（1）设立中央、省级专项自然保护地基金

探索建立自然保护地"分税制"。设立中央财政和省级财政自然保护地专项基金，用于全国/区域、省级政府对自然保护地的统筹及补助、奖励支出。专项基金也发挥自然保护地"社会保险"的调节功能，调控辖区内部因资源禀赋、管理水平差异造成的发展不均衡。

在中央、省级财政设立自然保护地专项基金，用于资助、奖励国家级、省级保护地单元以及省以下地方政府设立的保护地单元的资源保护、生态补偿、能力建设等工作，以及用于统筹区域间、保护地间均衡发展的经济调节。专项基金来源主要有两部分，一部分为中央、省级财政的拨款，另一部分为国家、省级自然保护地单元上缴国家、省级财政部分。

（2）收支动态平衡制度

为了扭转地方政府以提高财政净收益为目的促进保护地建设的动力机制，应大幅降低地方政府对辖区保护地单元收入的收缴比例至经济导向的临界点。同时，建立收支动态平衡制度和票价联动制度，通过票价动态调节实现保护地单元收支平衡。

树立"收支相抵原则"，实施自然保护地单元收支平衡制度。除去上缴中央、省政府财政的自然保护地专项基金及地方财政份额，自然保护地单元应得收入必须全额用于其资源保护管理用途，收支全部纳入财政管理，加强审计、监察与信息公开。鼓励自然保护地管理预算中提高科研、教育与展示支出比例。

7.3.4　地方政府考核制度

应加大地方政府的保护地政绩考核力度，将自然保护地名录的落实、预备名录转入正式名录、保护地单元管理水平都纳入对地方主管官员和机关考核的指标。地方政府有义务落实《自然保护地名录》并致力于提升预备名录中保护地单元的管理能力和监管力度，最终将预备名录中的单元转入正式名录。

7.3.5　自然保护地特许经营制度

管理机构除负责自然保护地旅游资源保护、监督和行政管理工作外，还拥有门票征收权。自然保护地旅游资源的经营主体，在特许经营范围内自主经营，但不能取得门票收入。此外，管理机构向经营主体收取特许经营费，专款专用，用于自然保护地旅游资源的保护。

在立法中应明确特许经营的内容范围，建立《自然保护地特许经营目录》，对各类保护地的特许经营内容进行规范。各类保护地（包括国家公园）单元在编制保护地管理规划中生成自身的特许经营目录，作为国务院审批的强制性内容。未纳入行政事业性收费（门票）和特许经营项目的，管理方不得收取费用。

7.4 试点与国家公园立法

7.4.1 试点与国家公园关系

自然保护地立法进程只是我国自然保护地管理状况的一个缩影，立法的困境印证了自然保护地管理中存在不可调和的矛盾。由此可见，自然保护地立法必然要求我国从国家战略高度对自然保护地治理进行顶层设计和全面深入改革。中央高度重视国家公园体制建设并将其写入"十三五"规划，为自然保护地顶层设计和全面深入改革提供了历史性机遇，应牢牢把握。

但是，也应清醒地看到，仅以考验地方能动性来探索国家公园体制建设试点，并不能摸索出真正的国家公园有用经验和治理模式：

第一，地方省份试点无法突破源于自然保护地管理体制机制设置不合理所造成的瓶颈，从而无法解决更深层次的管理问题。比如，无法解决中央地方的权责划分、多头管理、保护地类型定位不清、保护地重叠交叉等问题。地方省份试点固然可以最大限度地发挥地方能动性，可以形成一些成功的、自下而上的地方治理经验，但在解决由自上而下带来的问题时，特别是解决政府部门间利益冲突时，必须要秉承依法治国的理念，以法治推动自然保护地治理。

第二，即便某些地方政府为争取国家公园试点能牺牲一些眼前利益，并通过暂时的利益均衡掩盖了深层矛盾，表现出国家公园治理良好的表象，但个别省份国家公园"特事特办"的治理模式，如何能推广并带动全国的国家公园建设，如何能推广并带动整个保护地体系的治理？因此，国家公园试点必须要求建立常态化、普遍化、科学合理、可持续的体制机制。这就要求国家通过法律建立基础性的体制机制，并为地方政府建立良好的地方体制机制创新环境与条件，方能在此基础上开展试点，形成具有普适性的经验和治理模式。

总而言之，国家公园体制建设的开篇布局，不应仅以试点作为主要甚至唯一手段，而应以此为契机，以自然保护地立法进程来推动我国自

---

1 参见发改委实施编制大纲（称为社会参与机制）。

然保护地国家战略、顶层设计和全面深入的管理体制改革。

7.4.2　上位法出台前试点的地方立法与政策

在《自然保护地法》未出台之前，国家公园体制试点所在地的各级政府和管理机构应最大限度调动地方资源，秉承《自然保护地法》立法的目的、原则、利益机制来设定管理体制、运行机制和实施保障手段。

应对上位法调整的如下重点内容进行自我规制：

第一，严格控制旅游开发强度，树立生态旅游的发展导向。扭转以地方旅游经济为导向来建设国家公园，严控保护资金投入与旅游设施投入严重失衡现象，首先应确保管理者自身能树立生态旅游观念。

第二，明确国家公园的价值，统筹协调各类保护地的关系。国家公园不是简单地将既有保护地打包组合，而是通过明确国家公园价值对保护区域进行资源要素与管理要素的重构。因此，在处理既有法定保护地类型（如风景名胜区、自然保护区、森林公园等）时，首先应理顺各保护地的定位、保护地之间的关联，应着力解决保护地交叉、重叠等问题，借助国家公园试点调整存在冲突的既有保护地的边界。

第三，严格控制门票价格。首先，应严控保护地的"重开发、资本化、娱乐化、高投入、高成本、高门票"的"高举高打"的发展模式，真正树立以保护地原生的自然资源为体验对象的生态旅游观。其次，应严控门票价格，使价格反映出国家公园的公益性、公众性原则，而非反映国家公园的市场价值。

第四，通过完善地方规范、标准与法定规划编制来加强保护管理。各试点普遍采取加强地方法规和法定规划来强化管理，云南通过颁布地方法规和制定较为全面的地方标准来弥补法律缺位的监管不足。但应注意，地方规范、标准与法定规划不得与国家公园立法目的、原则、机制相抵触。

第八章

国家公园公众参与

六、构建社区协调发展制度

（十九）完善社会参与机制。在国家公园设立、建设、运行、管理、监督等各环节，以及生态保护、自然教育、科学研究等各领域，引导当地居民、专家学者、企业、社会组织等积极参与。鼓励当地居民或其举办的企业参与国家公园内特许经营项目。建立健全志愿服务机制和社会监督机制。依托高等学校和企事业单位等建立一批国家公园人才教育培训基地。

七、实施保障

（二十二）加强舆论引导。正确解读建立国家公园体制的内涵和改革方向，合理引导社会预期，及时回应社会关切，推动形成社会共识。准确把握建立国家公园体制的核心要义，进一步突出体制机制创新。加大宣传力度，提升宣传效果。培养国家公园文化，传播国家公园理念，彰显国家公园价值。

8.1 国家公园公众参与定义

狭义的公众参与是指参与和合作管理机制，即：在法律保障的前提下，各类与中国国家公园事业相关的主体，通过与国家公园管理机构之间进行多种方式的对话和沟通，积极参与并影响以下事项的决策：国家公园的设立、规划、管理、保护与利用、监测等，从而加强国家公园管理决策的民主性和科学性。其核心是公众参与并影响规划与政策制定。相对应的英文词汇有"Civic Engagement""Public Involvement"等。

广义的公众参与还包括其他机制，主要是指建立合作伙伴关系制度[1]，包括社会捐赠机制、志愿者机制、科研合作机制等内容。相对应的英文词汇有"Partnership"等（图 8-1）。

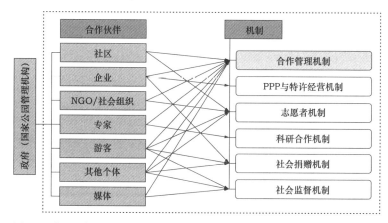

图 8-1　中国国家公园公众参与制度示意图

公众参与相关内容应写入国家公园相关的法律法规、政策文件、技术指南中，使其有法可依、有章可循。在不同层次的文件中需要对国家公园公众参与的定义、意义、原则、主体—内容—方法等内容进行阐释和说明。

【基本概况】

各国国家公园公众参与背景分析：

与"公众参与"（Public Participation 或 Public Involvement）相关的术语还包括利益相关方（Stakeholder）、公民共建（Civic Engagement）、公共协商（Public Consultation）、公众评论（Public Comment）、公众利益（Public Interests）、公共团体（Public Body）等。

保护地管理的成功需要有广泛的公众参与基础。总体上看，各国国家公园对公众参与较为重视，内容较为丰富，体现为公众参与制度较为

1　参见国家发改委《国家公园体制试点区试点实施方案大纲》。

健全，参与主体全面、参与内容丰富、参与方式多样。

【国际借鉴】

美国国家公园对公众参与的定义：

美国国家公园 75 号局长令的内容是公民共建和公众参与（Civic Engagement and Public Involvement），其中的第 V 部分给出了相关定义："公民共建"（Civic Engagement）是一个连续的、动态的 NPS 与公众之间的多层次对话，它同时加强 NPS 与公众对于保护文化和自然遗产的责任、加强公众对于资源的全面理解和当代的关联。"公众参与"（Public Involvement 或 Public Participation）是公众对于 NPS 的规划和决策过程中的积极参与。

【学者研究】

国内学术界对公众参与的定义：

国内研究环境法、自然保护地的学者对于公众参与的定义如下，可作为参考：目前世界上大多数国家在其国内环境保护法律中对公众参与原则有所规定。我国环境法学界，对于公众参与的定义主要分为广义、相对狭义及狭义 3 种[1]。其中广义上的公众参与是指"在环境资源保护中，任何单位和个人都享有保护环境资源的权利，同时也负有保护环境资源的义务，都有平等地参与环境资源保护事业、参与环境决策的权利。[2]"相对狭义上的公众参与即指"公众及其代表根据环境法赋予的权利义务参与环境保护、各级政府及有关政府部门的环境决策行为、环境经济行为以及环境管理部门的监管工作，听取公众意见，取得公众认可及提倡公众自我保护环境。[3]"而狭义上的公众参与是指"在环境保护领域里，公民有权通过一定的程序或途径参与一切与环境利益相关的决策活动，使得该决策符合广大公民的切身利益。[4]"

8.2 国家公园公众参与的意义和原则

公众参与是实现环境正义的主要途径，发挥公众参政议政、民主监督、行政监管的功能[5]。公众参与是国家公园的核心理念和方法。国家公园中的公众参与有利于协调资源保护和利用之间的矛盾；有利于确保国家公园管理决策的民主性和科学性；有利于保障公众的环境知情权、环

1 徐宏霞. 我国自然保护区建设中公众参与制度的完善研究 [D]. 昆明：昆明理工大学，2012.

2 吕忠梅. 环境法新视野 [M]. 北京：中国政法大学出版社，2000：236.

3 陈建新，谢兰兰. 试论环境保护民主原则及其贯彻 [J]. 南方经济，2003（9）.

4 汪劲. 中国环境法原理 [M]. 北京：北京大学出版社，2000：100.

5 张振威，杨锐. 美国国家公园管理规划的公众参与制度 [J]. 中国园林，2015（02）：23-27.

境参与决策权、环境监督权；有利于加深社会公众对于国家公园的理解；有利于培养和提高公众的环境保护意识。

在进行国家公园公众参与时，应遵循以下原则：依法有序参与原则、有效性原则、广泛性和递进性原则、预知性与便捷性原则[1]。

【国际借鉴】

美国国家公园公众参与的意义和原则：

在《2006 版管理政策》中有如下说明——美国国家公园管理局将公民参与视为一项基本的原则和实践，而这是基于一项最核心的原则："国家遗产资源的保护依赖于管理机构和美国社会之间的持续的合作关系"。国家公园管理局倡导一种与公众之间双向的、连续的、动态的对话。[2]

美国国家公园 75 号局长令的内容是公民共建和公众参与（Civic Engagement and Public Involvement），该局长令提出：国家公园在制定规划和运营项目时，将公民共建作为基础。真正的公民共建不只是一个正式程序，而是连续的、动态的、多层次的对话。"公众"不仅包括所有对于国家公园有兴趣和有关的个人、组织，也包括国家公园管理局的员工。

8.3 国家公园公众参与的主体—内容—方法

我国国家公园公众参与的主体—内容—方法如下[3]：

（1）公众参与的主体：社区、企业、NGO/社会组织、专家、游客、其他个体、媒体等。

（2）公众参与的内容：国家公园的设立、规划编制与实施、资源保护、开发利用、监督管理等。

（3）公众参与的方法：合作管理和监督（公示公告、听证会、专家咨询、座谈会、论证会或评审会、问卷调查或网上调查、现场咨询、聘请公众担当监督员、设立公众意见箱）、捐赠、参与志愿服务、科研合作等。

【国际借鉴】

（1）美国国家公园的公众参与

NPS 规划和决策过程中的公众参与活动包括：① 系统的规划各种各样的公众对于 NPS 可能行动和政策的了解和表达观点的机会，公众多样

---

1 相关原则参考了李振鹏提出的风景名胜区公众参与的原则。另外，参考以下原则：《环境保护公众参与办法》（环境保护部令第 35 号）提出："环境保护公众参与应当遵循依法、有序、自愿、便利的原则。"

2 见于 Management Policies 2006 的 1.7 部分。

3 李振鹏，张文. 风景名胜区公众参与制度研究[J]. 中国园林，2009（04）：30-33.

的观点被纳入决策制定并且作为一种决策制定过程的记录；② 通知和教育公众：管理局在政策制定和实施管理活动时所应用的科学和丰富的信息；③ 咨询公众从而收集有价值的、有时是意想不到的信息资源，这些信息将充分的贡献和反馈于管理方略和选项；④ 把从公众的考虑、价值观、偏好中学习作为一项日常管理工作，以便更好地知情；⑤ 国家公园管理局制定管理政策时纳入公众的意见；⑥ 对于公众的建议和评论要及时地、真诚地、明确地回应；⑦ 使公众参与到管理局的工作和公园的可持续享受中。

公众参与的政策包括以下内容：事先规划好公众参与决策制定的阶段和方式；事先规划好公众参与的机会；在公园与周边社区互动的情况下，公众参与尤其重要；不应只是满足法律的要求，做好资源的管家、邻居、倾听者；公众参与是与 NPS 的持续的合作伙伴关系；管理者应使用多样的方法和技术来获取个人和组织的意见，同时要遵守联邦咨询委员会法 (FACA)；公众参与能够提升、通知、影响我们的决策；深思的参与，容纳多元价值，鼓励连续的协商；面对有潜在争议的问题，应用专门的技术来最小化争议，顺利取得解决方案；人员和资金的最大化；培训员工的公众参与技术和原则；公众参与也应用于员工；开放、包容；电脑和网络技术的最大化[1]。

除此之外，美国国家公园 21 号局长令的内容是关于捐款和筹款，指出为 NPS 捐款的个人、家庭、组织、基金、公司和其他团体，均为 NPS 的合作伙伴。美国国家公园 7 号局长令的内容是公园志愿者项目（Volunteers-In-Parks）。该局长令规定了志愿者项目的背景和目的、项目管理、定义、志愿者的资质、活动、资金、招募与培训等内容，为在国家公园内开展志愿者服务项目奠定了政策基础，提供了指南[2]。

（2）加拿大国家公园的公众参与

加拿大《国家公园法》第 12 部分公众咨询（Public Consultation）提出：国家公园的公众参与（Public Participation）在国家、区域、地区层级实施，参与主体包括原住民组织、与土地权属协议相关的主体、公园社区的代表，参与内容包括公园政策法规的制定、管理规划的编制、土地利用规划、与公园社区相关的发展事业以及其他有关的事项。

8.4　国家公园公众参与的难点与对策

针对我国保护地公众参与制度不够完善的问题。第一，应加强保护地公众参与制度的理论研究，为实践提供基础支撑；第二，应在保护地

1　笔者根据美国国家公园局长令 Director's Order 75A —CIVIC ENGAGEMENT AND PUBLIC INVOLVEMENT —V. Definitions 相关内容翻译，https://www.nps.gov/policy/DOrders/DO_7_2016.htm.

2　资料来源：https://www.nps.gov/policy/DOrders/DO_7_2016.htm.

相关的法律法规、政策中对具体参与的形式、内容、途径等方面做出详细的规定和要求；第三，应出台相关的指南以做出具体的技术指导；第四，加强管理机构的学习、培训，提高管理机构对于公众参与的重视程度，并掌握公共参与相关的技术和方法。从而能为我国国家公园公众参与提供机制保障。

针对参与主体积极性有待提高的问题。第一，应加强国家公园以及社会各层面的环境教育，提升公众的环境保护意识，在国家公园管理中有意识地培养公众的环保意识和参与意识；第二，关注各类潜在参与国家公园事业的主体，包括周边社区、民间组织、新闻媒体、专家、访客、其他社会公众个体，在国家公园管理中为其培育良好的参与制度。

针对管理与实践中参与主体、内容、方法不够全面地问题。第一，应扩展公众参与的主体类型，从国家公园边界内到边界外、从个人到群体、从专家到游客的各类参与主体都应得到重视；第二，应深化公众参与的内容，从保护地的设立、规划，到日常管理和监督的各个阶段，都应落实公众参与；第三，应丰富公众参与的方法，提供参与程度多元、双向互动、切实有效的公众参与方法。

【国内分析】

我国自然保护地公众参与现状分析：

总体上，我国自然保护地对公众参与的认识不足、实施不够，具体表现为以下4点：

（1）在公众参与的制度方面，我国各类保护地基本都有公众参与方面的相关规定，但是相关的法律法规对于公众参与的强调不够、略显片面；相关政策中对具体参与的原则、内容、形式、途径等规定的不够全面（现有规定主要体现在规划编制的征求意见阶段、地方社区居民的参与）；缺乏能够提供详细规定、要求、指导的技术性指南。

（2）在公众参与的主体方面，重视社区参与、专家参与，在保护地的社区参与方面，我国已有社区共管、协议保护[1]的理论研究与实践案例。但是对民间组织参与、新闻媒体参与、游客参与、其他社会公众个体参与强调不够。另外，各类参与主体的积极性也有待提高。

（3）在公众参与的内容方面，重视规划编制与实施参与，但是对设立参与、资源保护参与、开发利用参与、监督管理参与强调不够。

（4）在公众参与的方法方面，重视公示公告、听证会、专家咨询、设立公众意见箱，但是对座谈会、论证会或评审会、问卷调查或网上调查、现场咨询、聘请公众担当监督员的强调不够。

---

1 类似的术语还包括：参与式管理、合作管理、伙伴管理等。

【试点方案】

试点方案"社会参与机制"总结：

《国家公园体制实施方案编制大纲》中对于"社会参与机制"的要求如下：旨在建立鼓励社会参与的机制，包括参与保护管理、参与特许经营、参与试点区服务等内容，应鼓励多种类型的组织、机构和个人参与。具体内容包括：拟制定的鼓励社会投资与捐赠机制；拟制定的志愿者机制；拟制定的促进社会组织或个人参与合作管理机制；拟制定的促进大专院校与科研机构参与保护与合作管理机制；拟制定的社会监督机制。另外在"试点可行性"分析一节当中，有"社会支持""研究基础"相关内容。

总体上讲，各个试点区有一定的社会参与基础的实践，但是尚未建立完善的社会参与机制。各试点区域基本按照编制大纲的要求完成了方案。整体上看，各试点方案的"社会参与机制"方面，强调了资源保护、开发利用、监督管理的参与。各方案基本不存在大的误区和障碍。部分方案存在的问题包括：如何应对现状公众参与中的难点、如何将各种机制落实到日常管理的操作中，缺少具体对策；对于"规划编制与实施的公众参与"的重视度不够，在是否参与、参与的目标、参与的程度和方式上还需要进一步论述。

8.5　国家公园公众参与体制建设的重点

8.5.1　合作管理制度 / 合作伙伴制度

国家公园应建立合作管理机制 / 合作伙伴制度，从依靠一方管理转变为合作共赢的管理方式。包括开展多种共管方式，与社区、企事业单位、国际和国内公益组织、个人、大专院校、科研机构建立合作伙伴关系，建立意见反馈机制、建立重大项目社会公众参与决策制度，有效落实合作管理机制。

【国际借鉴】

美国国家公园合作伙伴——查科暗夜项目：

查科暗夜项目（Chaco Night Sky Program）由查科文化国家历史公园（Chaco Culture National Historical Park，NHP）于1987年开启，当时露营地负责人 G.B. Cornucopia 在露营地中利用望远镜给访客介绍天文项目。1994 年，公园购入了两台望远镜支持该项目，并且阿尔伯克基天文协会（Albuquerque Astronomical Society，TAAS）请求为公众开展一年两次的天文活动。1996 年，TAAS 的成员 John Sefick 与 Cornucopia 会面，并认为查科峡谷是建立一个天文观测站的理想之地。

于是在 1997 年，Sefick 捐赠了一个天文观测穹顶、两架高性能望远镜、两个数字相机、一台计算机以及相应软件，而公园为 TAAS 的成员提供了场地和设施、开展活动的持续支持。这个天文中心能够为业余天文爱好者、研究者、公众提供学习宇宙知识的机会。公园与天文协会于 1998 年开始在访客中心旁边建设永久的观测中心，TAAS 的捐赠约 9 万美元，将超过 2200 小时的志愿工作量投入到观测中心的建设中。

在查科暗夜项目运营的第一年，投入了 1500 小时的志愿工作时间，为公众提供每周 6 次的活动。每年，10% ～ 15% 的公园访客都参与到该项目中。1993 年在公园的总体管理规划中，认定查科的暗夜应作为一种需要保护的自然资源。

总体上看，该项目取得的成就包括：从项目启动开始，有超过 7.5 万人参与了 1918 个公众活动；建设的永久观测设施提供了大量科学研究的基础；超过 1500 个高质量观测图片被收集进入数据库；受到大量媒体报道和宣传；1999 年被授予国家公园合作伙伴奖（National Park Partnership Award – Honorable Mention in Education）；John Sefick 被授予 NPS 区域的"肩并肩奖"（Shoulder-to-Shoulder Award）；一座观测建筑以及相关的设施。

8.5.2　社会捐赠机制

建议设立国家公园基金，并建立激励捐赠机制、探索多种形式的社会捐赠方式（可将捐赠与特定主题的科学研究、环境教育等活动结合在一起）。同时应实施国家公园特许经营制度或引入 PPP 模式，制定社会投资与捐赠的相关配套政策；成立专门机构或授权第三方对引进的社会投资和捐资加强管理。

【学者观点】

捐赠可扩大保护区经费来源渠道：

尽管捐赠不能从根本上解决我国自然保护区经费来源不足问题，但捐赠可以扩大保护区经费来源渠道，增加保护区收入，减轻政府财政负担。属于公益性、非营利事业单位的各自然保护区，可依据《中华人民共和国公益事业捐赠法》的规定，做出相关的接受捐赠、使用捐款（物）、公开使用情况等的规定，在开展科普、绿色旅游的同时，向社会争取捐赠。有条件的国家级自然保护区也可以成立保护区基金会[1]，健全组织，加大宣传力度，提高人们对自然保护区重要性的认识，让更多的人参与到建设自然保护区的事业中来，争取更多的国内外捐赠[2]。

【学者研究】

我国自然保护区的经费来源分析：

我国自然保护区的经费来源，一是由地方政府拨付的经费，二是各自然保护区开发旅游等经营项目的创收。但各自然保护区管理机构对于如何开发自然保护区内资源则有各种不同的做法，有些保护区重开发轻管护，导致区内资源因过度或不合理开发而出现减少、灭绝等恶果。此外，虽然《自然保护区条例》第六条也规定了可以接受捐赠，但由于没有具体细化的规定，缺乏可操作性，实际接受的捐赠很少。因此，自然保护区的经费来源渠道很单一，主要靠地方政府的财政拨款，而地方的财力又十分有限，各自然保护区管理者无法筹到足够的经费[3]。

【国际借鉴】

美国国家公园合作伙伴项目——永远的阿卡迪亚小径项目：

永远的阿卡迪亚小径项目（Acadia Trails Forever），是在阿卡迪亚之友和阿卡迪亚国家公园的共同努力之下，恢复209.2km的步道系统，修复废弃的小径17.7km，建造连接五个村庄和公园的小路，并且对步道系统进行永久的维护。该项目起始于1999年7月的公开募集活动（1300万美元），阿卡迪亚之友募集了900万美元的私人捐款，国家公园管理局使用了联邦资金400万美元。筹款目标在2000年7月完成，比预期提前了两年。

总体上看，该项目取得的成就包括：在不到一年的时间里完成了1300万美元的资金募集；第一个将入门费和私人捐赠匹配在一起的国家公园；国家公园体系中第一个具有私人捐赠意义的小径系统。

8.5.3 志愿者机制

应建立国家公园志愿者制度。搭建志愿者服务平台，鼓励政府部门、企事业单位和社会组织成为志愿者单位。制定志愿者招募与准入、教育与培训、管理与激励的相关政策；加强招募工作，建立公开招募与定向招募相结合的招募方式；加强教育培训，完善岗前培训和日常提升的培

1 金瑞林. 20世纪环境法学研究评述 [M]. 北京: 北京大学出版社, 2003: 259.

2 王富有, 陈建华. 自然保护区经费来源问题研究 [J]. 西北林学院学报, 2008（06）: 226-228.

3 王富有, 陈建华. 自然保护区经费来源问题研究 [J]. 西北林学院学报, 2008（06）: 226-228.

训体系；构建激励机制，对志愿者的奖励应采取以精神层面为主，物质奖励为辅的方式。

【国内分析】

我国保护地志愿者管理现状：

我国有一些景区在节假日招募志愿者以维持秩序和环境，例如泰山、婺源等；志愿者也会参与景区大型活动的组织，例如中国黄山国际登山大会等。总体上，我国大陆地区自然保护区的志愿者工作尚未形成体系，虽有一些保护区管理局公开在全国招募志愿者，然而其组织制度尚不完善，向公众普及环保意识、推广志愿精神等方面的效果不显著[1]。志愿者公众和服务职责不明确，对其教育培训未引起足够重视，仅限于简单的"行前指导"；管理考核及权益等激励措施有待提高[2]。

【国际借鉴】

美国国家公园志愿者（VIP）项目：

美国国家公园志愿者项目（Volunteer in Park，VIP）的最初目的是为国家公园服务体系提供服务资源，通过它来接受和利用志愿者的帮助，使公园服务机构和志愿者在项目中均能受益。美国国家公园体系的完善经历了漫长的发展过程，经过时逾百年的发展，才趋于成熟。包括志愿者服务项目在内的教育发展与公众参与机制是在里根总统以后的几届政府不断压缩国家公园的人员编制和联邦财政预算的情况下，才逐渐发展并完善起来的。也就是1985年以后，美国国家公园开始强化教育功能，引入了志愿者服务项目，加强了教育软、硬件设施建设及志愿者人员参与机制建设，使国家公园体系成为美国进行科学、历史、环境和爱国主义教育的主要场所。而且，从这一时期开始，国家公园管理局不仅大力发展志愿者参与机制，还强调和各种非政府组织及愿意扶持公益事业的公司开展合作。自VIP项目开展以来，每年有超过12万名的志愿者为美国国家公园奉献400多万小时的服务。并且，从1990年起，志愿者的数量以每年2%的速度增长。他们来自美国的各个州、世界的不同国家和地区，为进入国家公园的游客和人类的后代，保护和保存美国的自然和文化遗产[3]。

VIP现状概况[4]如下：根据2012年的VIP项目报告，美国国家公园管理局拥有2万多名员工，25.7万名志愿者。这些志愿者服务时长总计6784971小时（678万小时），相当于额外完成了3262个全职员工的工作。2015年，超过40万志愿者为NPS贡献了超过700万小时的工作量[5]。每

1 孙宝云，孙广厦．志愿行为的主体、动机和发生机制——兼论国内对志愿者运动的误读 [J]．探索，2007(6)：118-121.

2 张庆武．中美志愿者激励的差异性比较 [J]．中国青年研究，2008(8)：64-67.

3 李慧，骆团结．对我国开展地质公园志愿者服务的思考 [A]．中国地质学会．中国地质学会旅游地学与地质公园研究分会第21届年会暨陕西翠华山国家地质公园旅游发展研讨会论文集 [C]，2006：7.

4 资料来源：https://www.nps.gov/training/essentials/html/volunteers.html.

5 资料来源：https://www.nps.gov/policy/DOrders/DO_7_2016.htm.

年有许多公民通过 VIP 项目协助 NPS 进行保护、管理和遗产解说，该项目使得双方受益。几乎每个人都可以做 NPS 的志愿者，但是 NPS 不对 VIP 进行直接的工资支付。每个人为 NPS 做志愿者有不同的动机，例如：在不同的环境中工作和生活、保护国家的自然和文化遗产、获得工作经验、学习新的技能、反馈报答自己的社区、遇到新的朋友等。了解志愿者的动机，能够使得志愿者和 NPS 双方获得更多的收益。志愿者可以在公园和项目的各个领域中工作，可能会用到各种类型和级别的技能。志愿者有权得到正式员工的对待，并且收获有意义的经历、有实际意义的责任。另外，每年有超过百人的国际志愿者来到美国国家公园（IVIP）。未来的挑战包括随着财政缩紧和工作量的增加，因此认识到志愿者的价值是很重要的，对志愿服务的开展将持续下去。

美国国家公园管理局属下的各个公园以及场所，都会通过志愿者网站（https：//www.volunteer.gov/）不时登出所需义工的情况，供有兴趣者参考。在志愿者网站上，可以按地区寻找所需信息，也可以根据自己的兴趣寻找[1]。

8.5.4 科研合作机制

应建立科学研究合作机制，加强与科研机构、专家学者、非政府环境保护组织的合作，以弥补自身科研力量的不足，鼓励国家公园管委会成立科研合作机构。具体包括：建立健全科研监测管理制度；制定科研监测激励机制；建立决策咨询合作机制；完善教育培训合作机制，加强人才培训；加强与国外国家公园、国际组织的交流合作。

【国内分析】

我国自然保护地的科研概况：

我国自然保护地的科研合作的问题与难点在于，大多数保护地管理机构没有科研职能，科研意识和经费较为缺乏。大部分试点方案提到了建立科学研究合作机制（提供科研平台、开展专题研究）、建立教育培训合作机制。

【国际借鉴】

美国国家公园的科研合作：

合作伙伴关系是国家公园管理机构完成使命的全面保证。在美国，公园友好团体遍布全国，不断前来贡献他们的专家咨询、技术和资金。

1 资料来源：http://blogs.america.gov/mgck/ 2016/03/30/national-park-volunteers/.

国家公园管理局与 12 个其他联邦政府机构、181 所大学组建了生态系统合作研究单位，将学术优势和土地管理经验相结合，为国家公园提供科研、技术支持和教育资源。有 16 个外来植物管理队伍同时服务于 209 个公园，实施应对有害入侵植物的承包项目，相当于节约开支 150 万美元。国家公园内的游客中心、科普书店是办得最好的设施，而公园协会、公园学院亦是国家公园最理想的民间合作伙伴[1]。

8.5.5　社会监督机制

应建立国家公园社会监督机制，包括公民监督、民间组织监督、利益群体监督、社会舆论监督。鼓励建立社会监督员制度，鼓励成立监督委员会，加强社会网络监督，实施公开公正透明的监督。应建立财务、信息公开机制。

【国际借鉴】

美国国家公园的监督机制：

以美国为例，在监督机制上，美国国家公园坚持依法监督和公众参与。美国国家公园的保护是建立在完善的法律体系之上的，几乎每一个国家公园都有独立立法，国家公园管理局的各项政策也都以联邦法律为依据。同时，国家公园管理机构的重大举措必须向公众征询意见乃至进行一定范围的全民公决，这使得公园主管部门的决策不得不考虑多数人的利益最大化而非部门利益的最大化，也使管理机构本身几乎没有以权谋私的空间[2]。

1　资料来源: http://mt.sohu.com/20150812/n418729975.shtml.

2　李如生. 美国国家公园与中国风景名胜区比较研究 [D]. 北京: 北京林业大学, 2005.

附录

本指南编制组成员
相关研究成果

[1] 彭琳，赵智聪，杨锐*. 中国自然保护地体制问题分析与应对 [J]. 中国园林，2017（4）.

[2] 廖凌云，杨锐*. 美国阿拉伯山国家遗产区域保护管理特点评述及启示 [J]. 风景园林，2017（7）.

[3] 赵智聪，马之野，庄优波. 美国国家公园管理局丹佛服务中心评述及对中国的启示 [J]. 风景园林，2017（7）.

[4] 庄优波，杨锐，赵智聪. 国家公园体制试点区试点实施方案初步分析 [J]. 中国园林，2017（8）.

[5] 杨锐. 生态保护第一、国家代表性、全民公益性——中国国家公园体制建设的三大理念 [J]. 生物多样性，2017（10）.

[6] 赵智聪. 编制好国家公园四个层次的规划 [N]. 青海日报，2018-01-08（011）.

[7] 杨锐. 中国国家公园设立标准研究 [J]. 林业建设，2018（5）.

[8] 杨锐，曹越. 论中国自然保护地的远景规模 [J]. 中国园林，2018（7）.

[9] 庄优波. IUCN 保护地管理分类研究与借鉴 [J]. 中国园林，2018，34（7）.

[10] 张引，庄优波，杨锐*. 法国国家公园管理和规划评述 [J]. 中国园林，2018，34（7）.

[11] 杨锐等. 中国国家公园规划编制指南研究 [M]. 北京：中国环境出版社，2018.

[12] 杨锐. 论中国国家公园体制建设的六项特征 [J]. 环境保护，2019(Z1).

[13] 张振威，赵智聪，杨锐*. 英国漫游权制度及其在国家公园中的适用 [J]. 中国园林，2019（1）：5-9.

[14] 杨锐，申小莉，马克平. 关于贯彻落实"建立以国家公园为主体的自然保护地体系"的六项建议 [J]. 生物多样性，2019．27（2）.

[15] 马之野，杨锐*，赵智聪. 国家公园总体规划空间管控作用研究 [J]. 风景园林，2019（4）.

[16] 张振威，杨锐*. 自然保护与景观保护：英国国家公园保护的"二元方法"及机制 [J]. 风景园林，2019（4）.

注：标 * 为文章通讯作者。